U0158623

The Story of Codes

密码的故事

图解人类历史中的密码编制与破译

[英]斯蒂芬·平科克（Stephen Pincock）
[英]马克·弗莱（Mark Frary） 著
王晨 译

華中科技大學出版社
http://www.hustp.com
中国·武汉
有书至美
BOOK & BEAUTY

图书在版编目（CIP）数据

密码的故事：图解人类历史中的密码编制与破译 / （英）斯蒂芬·平科克（Stephen Pincock），（英）马克·弗莱（Mark Frary）著；王晨译. —武汉：华中科技大学出版社，2022.4

ISBN 978-7-5680-7888-7

Ⅰ.①密… Ⅱ.①斯… ②马… ③王… Ⅲ.①密码学－图解 Ⅳ.①TN918.1-64

中国版本图书馆CIP数据核字（2022）第042113号

Conceived and produced by Elwin Street Productions

10 Elwin Street
London E2 7BU

湖北省版权局著作权合同登记　图字：17-2021-242号

密码的故事：
图解人类历史中的密码编制与破译
Mima de Gushi: Tujie Renlei Lishi zhong de Mima Bianzhi yu Poyi

[英] 斯蒂芬·平科克（Stephen Pincock）
[英] 马克·弗莱（Mark Frary） 著
王晨 译

出版发行：华中科技大学出版社（中国·武汉）　　电话：（027）81321913
　　　　　华中科技大学出版社有限责任公司艺术分公司　　（010）67326910-6023
出 版 人：阮海洪

责任编辑：莽　昱　杨梦楚
责任监印：赵　月　郑红红　　封面设计：邱　宏

制　　作：北京博逸文化传播有限公司
印　　刷：广东省博罗县园洲勤达印务有限公司
开　　本：635mm×965mm　1/12
印　　张：16
字　　数：100千字
版　　次：2022年4月第1版第1次印刷
定　　价：198.00元

華中出版

本书若有印装质量问题，请向出版社营销中心调换
全国免费服务热线：400-6679-118　竭诚为您服务

目录

前言……8

第一章：开创性的密码……11

从古希腊、古罗马、古埃及等文明的秘密书写到中世纪密码学，从恺撒密码、经文密码、《爱经》中的密码到玛丽一世的密信——窥见人类历史上最传统的密码术与解码术。

第二章：构筑历史的密码巧思……43

教廷能人不断改变密码编制的面貌，法国皇室王牌密码编写员父子创造“伟大密码”：从罗斯林教堂的秘密、《伏尼契手稿》到铁面人之谜。

第三章：智慧推动密码学革命……63

19世纪，有线电报通信系统带来密码学革命，从莫尔斯电码、巴贝奇教授的分析机、普莱费尔密码到《比尔文件》——翻开人类密码及破译历史新篇章。

第四章：密码战争之毅力的较量……87

在两次世界大战中，盟军以坚韧的毅力破解了恩尼格玛密码和其他战时密码。从齐默尔曼电报、ADFGX密码、冷战密码、维诺那密码到纳瓦霍密语者——展现军事谍报战的巅峰对决。

第五章：棋高一着的数字加密 ······ 127

在网络时代，强大的数字加密技术固若金汤，从公钥加密、因式分解到高级加密标准。

第六章：量子加密成就密码学未来 ······ 147

强大的量子密码是否意味着密码破解的终结？——密码学进入量子物理学和混沌理论领域。

第七章：数字时代的密码安全 ······ 165

数字时代的网络加密与安全：从比特币、安全哈希算法到爱德华·斯诺登。

后记：一个数据加密不复存在的未来？ ······ 184

术语表 ······ 186

索引 ······ 188

扩展阅读 ······ 192

图片版权 ······ 192

前言

在现代世界，我们身边的一切都使用加密技术。我们在手机上拨打的每一个电话，我们观看的每个有线电视频道，我们每次进行在线银行交易，都要依赖复杂的计算机加密形式，以确保避开他人窥探的耳目。

但是保密需求并不是现代的专利。在过去的2000年或者更长的时间里，密码和编码在政治、血腥的战场、暗杀和打击犯罪的斗争中扮演着至关重要的角色，有时甚至起到决定性的作用。信息的秘密传递造就了战争的获胜或失败、帝国的建立或毁灭，以及个人的崛起或湮没。保密需求如此利害攸关，难怪密码编写员和密码分析员会展开这样一场永不停息的激烈战斗，前者千方百计地将某段信息的含义隐藏在一段密码或编码之后，而后者是足智多谋的破译者，所有人都知道他们的目标是破解这些密码和编码，揭示隐藏在它们背后的东西。

密码编制者每次发明出某种新的密码或编码，密码破译者便会陷入黑暗。此前能够被轻易破解的编码信息突然变得不可触及。但是这场战斗永无尽头。凭借顽强的毅力或者灵光一闪，密码破译者最终发现了盔甲上的缝隙，他们不知疲倦地工作，直到秘密信息再次显现。

进入密码分析行业的杰出男女展示出一系列特别的品质，正是这些品质让他们适合担任这项艰难而且常常危险的工作。首先，他们的思想经常表现出惊人的原创性。阿兰·图灵（Alan Turing）是历史上最伟大的密码分析员之一，他的工作帮助扭转了第二次世界大战的局势，而他也是当时最具原创性的思想家之一。动力水平也决定了密码分析员能否成功。没有什么比秘密更能抓住人的思绪。对于某些破译者，解开秘密的努力过程就常常足以激励他们了。不过也存在其他动力——爱国主义、复仇、贪婪，或者可能是对更多知识的渴望。

解开密码和编码所需的不仅仅是一时的兴趣。尽管尤利乌斯·恺撒（Julius Caesar）偏爱使用的早期字母次序挪移式密码现在看起来简单得近乎幼稚，但是恺撒的敌人当时仍然需要坚持不懈的努力才能解开他的加密信息。实际上，很多密码之所以未被破解，就是因为绝大多数准破译者未能坚持不懈。

在密码的破译过程中，速度也至关重要。许多密码和编码之所以能被破解，全是基于研究的时间足够久这个基础。RSA密码就是一个典型的例子。它依赖于这样一件有趣的事：将两个质数相乘只需要花很少的一点时间，但是对于某个给定的数，想要弄清楚哪两个质数的乘积是它，可能会花费极为漫长的时间，即便用上计算机也不会更快。

破译者还需要愿景。他们常常在官方或刑事保密的要求下工作，而他们职业的敏感性质经常要求他们独自工作。如果没有最终目标作为愿景，密码分析员的工作将会徒劳无功。

本书展示了历史的浪潮如何开启那些曾被制造和破解的密码。难怪它们会紧紧抓住我们的想象力，令充斥着密码谜题的小说大获成功，还让密码破译者经常出现在电视和电影里。虽然现实世界与这些虚构设定并不完全相似，但是密码学（特别是密码分析）的真实历史比惊悚小说家或编剧能够想到的任何东西都更奇怪。在接下来的章节中，你会发现那些成为密码破译者的人们实际上多么出色。你会遇到一些历史上最有趣的人，并了解组成破译者工具箱的基本技能。

第一章

开创性的密码

从古希腊、古罗马、古埃及等文明的秘密书写到中世纪密码学，从恺撒密码、经文密码、《爱经》中的密码到玛丽一世的密信——窥见人类历史上最传统的密码术与解码术。

很难想象一个没有秘密的人类社会——这个社会竟会没有阴谋诡计、政治暗算、战争、商业利益或者风流韵事。因此隐秘信息和秘密书写的历史可以追溯到世界上某些最古老的文明，也就没什么好奇怪的了。

密码学的起源可以追溯到将近4000年前的古埃及，当时负责将历史刻在伟大纪念石碑上的抄写员们开始微妙地改变他们雕刻的象形文字的用法和目的。他们这样做的目标可能并不是为了隐藏文字的含义：相反，他们可能是想让路过的阅读者感到困惑或有趣，或者也许是为了增加宗教文本的神秘性和魔力。但是通过这样做，他们预示了在接下来的几千年里发展出来的真正的密码学。

在发展出秘密书写这件事上，古埃及人并不孤单。例如，在美索不达米亚地区，这种技术被引入了其他各种行业，证据之一是在塞琉西亚（Seleucia）遗址发现的一块小书写板，该遗址与位于底格里斯河两岸的现代巴格达相距大约30千米。这块口袋大小的书写板来自约公元前1500年，以加密形式记载了一份制作陶釉的配方。撰写这份说明

对页图：密码学的起源可见于古埃及象形文字。

的人按照最不常见的音节组合（辅音和元音不寻常地成群出现）使用楔形文字符号，以这种方式保护自己宝贵的商业秘密。

巴比伦人、亚述人和古希腊人也各自发展了隐藏信息含义的手段。而在古罗马时代，诞生了史上首位让自己的名字与一种加密方法永远联系在一起的重要历史人物：尤利乌斯·恺撒。

恺撒的秘密书写

恺撒被认为是古罗马最著名的统治者。作为一名将军，他以胆量闻名；作为一名政治家，他以机敏的判断震撼自己的敌人；作为一个男人，他将华丽的时尚感、放纵的性生活和不顾一切的赌徒精神结合在一起。他聪明、大胆且坚决无情——所有这些都是成功的密码破译者拥有的出色特质。

在他的军事回忆录《高卢战记》（*The Gallic Wars*）中，恺撒描述了自己是如何巧妙地遮掩重要战时信息的含义，以防敌人将其截获。古罗马人曾在今天我们称为法国、比利时和瑞士的地区与当地军队进行战斗，在这场军事行动中，恺撒麾下的军官西塞罗（Cicero）遭到围困，陷入快要投降的境地。恺撒想让他知道援军即将到来，又不想将消息泄露给敌人，于是他派出一名信使，信使带着一封用拉丁语写的信，但使用的是希腊字母。信使被告知，如果他无法进入西塞罗的营地，应该将信绑在皮带上，随长矛一起掷进防御阵地。

“那个高卢人按照指示抛出了长矛，”恺撒回忆道，“结果它恰巧卡在塔楼上，在那儿卡了两天都没有被我们的部队发现；到了第三天，一名士兵瞧见了长矛，将它取下并呈给西塞罗。看完之后，他召集全军将士，当众宣布了这个好消息，大家顿时欢欣鼓舞。”

古典时代的人们熟知恺撒对秘密书写的使用。100多年后，历史学家苏埃托尼乌斯·塔奎卢斯（Suetonius Tranquillus）在自己的著作中描述其生平时写道，如果恺撒需要传达什么机密之事，“他会用加密法写下私人信件”。

加密法和编码法的决定性特征

塔奎卢斯使用了“加密法”（cipher）一词，这一点值得注意，因为虽然我们常常将其与“编码法”（code）一词互换使用，但实际上它们之间存在一些重要区别。

就其本质而言，区别如下：加密法（在现代密码学中特指加密算法）是一套掩盖信息含义的算法系统，具体做法是使用其他符号替换信息中的每个单独字母。而编码法更强调含义而非字符，而且倾向于根据编码簿（codebook）中的列表替换整个单词或短语。

加密法和编码法之间的另一个区别涉及它们固有的灵活性水平。编码法是静态的，依赖编码簿中的单词和短语集隐藏信息的含义。例如，某段码文可以指定一组数字5487来替换单词“攻击”（attack）。这意味着当“攻击”这个词写在一段信息中时，编码后的信息将包括码文5487。即使一份编码簿包含数个用于编码“攻击”一词的选项，变化的数量也会是有限的。

相比之下，加密法在本质上倾向于更加灵活，对于一个像“攻击”这样的单词，其加密方式可能取决于它在信息中的位置以及一系列被密码系统的规则定义的其他变量。这意味着一段信息中的相同字母、单词或短语可以在这段信息的不同部分按照完全不同的方式加密。

对于任何密码系统，用于加密信息的一般规则都称为加密算法（algorithm）。密钥（key）指定在任何特定情况下加密的确切详细信息。

隐写术

古希腊人不仅擅长密码学，还使用另一种形式的秘密书写，即隐写术（steganography）。密码技术旨在掩盖信息的含义，而隐写术想要达到的效果是掩盖信息的存在本身。

被尊为“历史之父”的希罗多德在他撰写的《历史》（*Histories*，又称《希腊波斯战争史》）中描述了几个这样的例子。在一个历史片段中，他提到了一位名为哈帕古斯（Harpagus）的贵族，他想对米底国王复仇，因为后者曾经诱骗他吃下了自己儿子的肉。哈帕古斯将发

上图： 希罗多德是公元前5世纪的学者和历史学家，他在自己的著作《历史》中提到了隐写术的早期例子。

给潜在同盟的消息隐藏在一只死掉的野兔肚子里，然后派出一名乔装成猎人的信使前去送信。消息成功送达，同盟顺利结成，米底国王最后终于被推翻。

奴隶的秘密

为了避免被人发现，古希腊人还将信息隐藏在蜡版的蜡质涂层下面。另一种更令人毛骨悚然的方法是将信息文身在奴隶剃光的头皮上。当这名不幸的信使重新长出头发，与此同时没有因为血液中毒死去的话，他就会被派出去亲自传递这条信息。抵达目的地后，信使的头发会被收信人再次剃光，后者就能轻轻松松地阅读信息了。

使用剃光头发的奴隶秘密传递消息显然有其缺点。首先，这肯定是一个缓慢的过程。但是隐写术一直延续到现代并且深受间谍的青睐。实际上，正如密码技术一样，隐写术也有很多不一样的方法。这些方法既包括历代间谍使用的隐形墨水，也包括可将数据隐藏在数字图像或音乐文件中的狡猾的现代技术。

古希腊人似乎是秘密书写方面的专家。例如，历史学家波利比奥斯（Polybius）提出了一种沿用至近代的密码系统（见16页）。这种名为波利比奥斯方阵（Polybius square）的加密方式曾被古希腊人使用，通过燃烧的火把发送信号——例如左手拿两支火把而右手拿一支火把代表字母“b”，后来它又被用作更复杂密码的基础。

或许早在公元前7世纪，好战的斯巴达人就曾利用一种名为“密码棒”（scytale）的装置使用一种换位密码来传递秘密信息。

古希腊历史学家马斯特里乌斯·普鲁塔克（Mestrius Plutarchus，约公元46—127年）描述了其工作原理：

上图： 普鲁塔克是古希腊历史学家、传记作者和散文作家，他详细描述了密码棒的工作原理。

“当（统治者）派出一名将军时，他们会制作两根长度和粗细完全一样、尺寸相互对应的木棒，然后自己留下一根，另一根交给外派的将军。他们将这两根木棒称为密码棒。之后，每当他们想发送重要的秘密消息时，会先制作一卷又长又细的羊皮纸，仿佛一根细长的皮带，然后将它不留缝隙地缠绕在自己的密码棒上，直到完全裹住密码棒。做完这一步之后，他们在裹住密码棒的羊皮纸上写下想要传达的消息；写完之后，他们将羊皮纸取下，不带木棒单独送到指挥官那里。指挥官收到信之后，无法直接从中看出任何含义，因为字母的顺序被打乱了，它们之间没有任何联系。只有当他拿出自己的密码棒并将羊皮纸缠绕在上面，才能得到完整的信息。”

密码分析

替换式密码

以波利比奥斯方阵为例，先来了解最为传统的替换式密码（substitution cipher，也称为替代式密码）的特点。波利比奥斯将字母表中的字母排列在一个5 × 5的网格中（字母i和j在这里可互换使用，因此共用同一个小方格），然后为每一列和每一行字母指定一个1—5中的数字。

	1	2	3	4	5
1	a	b	c	d	e
2	f	g	h	i/j	k
3	l	m	n	o	p
4	q	r	s	t	u
5	v	w	x	y	z

这让每个字母都能使用两个数字代表。例如，字母c是13，而字母m是32。

理解恺撒挪移式密码

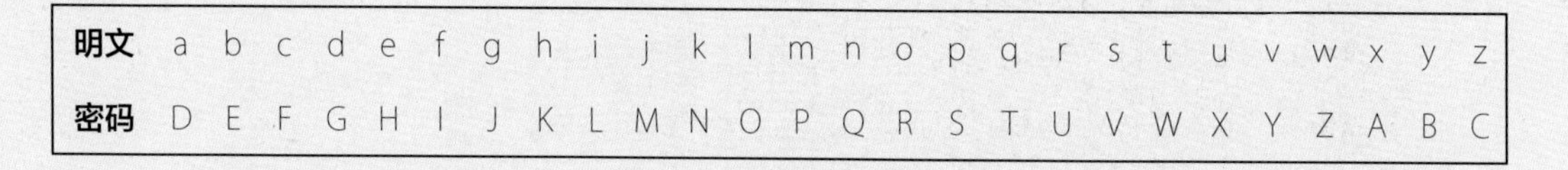

明文	a	b	c	d	e	f	g	h	i	j	k	l	m	n	o	p	q	r	s	t	u	v	w	x	y	z
密码	D	E	F	G	H	I	J	K	L	M	N	O	P	Q	R	S	T	U	V	W	X	Y	Z	A	B	C

像恺撒密码这样，信息中的字母被另一组字母取代的密码，称为替换式密码（substitution cipher）。恺撒隐藏自己秘密的方式是将原文字母向右挪移3位。不过无论你将字母挪移1位还是25位，又或者是二者之间的任意数字，都适用同样的原则。对于排在后面的字母，如果这种挪移让它们的位置超过Z，那么字母表会“环绕”——于是字母Y挪移3位，变成了B。它有时被称为回转N密码（rot N cipher），其中N是字母向右挪移的位数。

使用恺撒挪移式加密法书写的信息相对容易破解，因为可能的挪移位数是有限的——在英语中只有25种情况。

以下面这条简短的加密信息为例：

FIAEVI XLI MHIW SJ QEVGL

想要解码这条信息，最直截了当的方式是将密码文本写在一张表格里，然后在它下面列出所有可能的不同挪移方式。

这种方法有时被称为“补足明文成分”(completing the plain component)。你只需要不停写出可能的不同字母组合，直到得出有意义的组合为止：

字母挪移位数	可能的明文
0	FIAEVI XLI
1	EHZDUH WKH
2	DGYCTG VJG
3	CFXBSF UIF
4	BEWARE THE

此时出现了有意义的单词，说明字母是向右挪移4位完成加密的。对剩余文字解码，得出这条信息的原貌：Beware the Ides of March（“当心3月15日”）。

密码分析

换位式密码

另一大类传统密码是换位式密码（transposition cipher，也称为错位密码），使用这种方式加密的信息，其字母顺序是被打乱的。

换位也可以通过网格完成。例如，如果有人想发送这样一条消息，the ship will sail at dawn heading due east（"船将在黎明时分向正东方向航行"），他可以将这条消息以每行5个字母的方式写下来，然后纵向记下每列字母，完成加密：

t	h	e	s	h
i	p	w	i	l
l	s	a	i	l
a	t	d	a	w
n	h	e	a	d
i	n	g	d	u
e	e	a	s	t

这样就得到了加密信息：

TILANIEHPSTHNEEWADEGASIIAADSHLLWDUT

对于已知使用换位式密码加密的信息，"异位构词"（anagramming）是一种不错的破译方式。这种技术需要将密码文本分割成若干片段，然后寻找那些看上去像是真实单词的易位构词的片段。

有一种具体的方法称为"多重异位构词"（multiple anagramming），这种策略同时对两段不同的密码文本使用异位构词术，进行交叉核对和检验。

想要运用多重异位构词法，你需要拥有两段单词数或字母数相等的换位式密码文本，而且它们打乱单词或字母顺序的方法是相同的。对于在一段足够长的时间里（或许是在一场战争中）监控敌方通信的破译者，这种情况很可能比乍听起来更常见。

为了阐释它的工作原理，让我们来举一个简单的例子。假设我们拥有两段换位式密码文本，各由5个字母构成，如下：

EKSLA

LGEBU

可以相当明显地看出，这两组字母都可以打乱顺序并构成两个不同的单词：

EKSLA 可以是LAKES（“湖泊”）或LEAKS（“泄露”）

LGEBU可以是BUGLE（“喇叭”）或BULGE（“膨胀”）

如果我们只有其中一段密码文本，就无法确定这两种可能性中到底哪一种才是正确的。但是如果我们用相同的异位构词法同时寻找这两条消息的正确字母顺序，就会很清楚地看到只有一种方法能够从中破译出有意义的答案。

12345	41532	45132	45312
EKSLA	LEAKS	LAEKS	LAKES
LGEBU	BLUGE	BULGE	BUGLE

费斯托斯圆盘

1908年7月初，克里特岛南部海岸的费斯托斯（Phaistos），一位名叫路易吉·佩尔尼耶（Luigi Pernier）的意大利年轻考古学家正在这里发掘米诺斯宫殿遗址。

在盛夏的酷热中，佩尔尼耶正在发掘一个地下寺庙仓库的主储藏室。他在这里发现了一个被白垩土包裹、相当完整的陶土圆盘，直径大约15厘米，厚度只有1厘米多一点。

圆盘的正反两面覆盖着总共242个神秘的象形文字符号，它们呈螺旋状排列，从边缘延伸到圆盘中央。从中可辨认出45个不同的雕刻符号，其中有些显然代表日常事物，例如人、鱼、昆虫、鸟、一艘船等。

这些符号或许容易辨认，但是它们的含义在接下来的100年里引起了激烈的争论。

有些业余考古学家认为这可能是某种祷词，另一些人认为它是日历，还有人觉得它是战斗号召。甚至还有人提出它是某种古代棋盘游戏或者一个几何定理。直到2014年，才有人提出一种解读该圆盘的可靠方法，然而即便使用这种方法也不能完全理解这些信息传达的含义。

来自克里特岛的数学家安东尼·斯沃罗诺斯（Anthony Svoronos）一直对这个圆盘的秘密很感兴趣，他现在运营的一个网站上列出了迄今人们提出的所有不同的解读方式。

“在我看来，关于这个圆盘最重要的一点是制造它使用的技术，”斯沃罗诺斯解释道，“这个圆盘是用多个印章印出来的。制造这些印章需要花费相当大的精力，因此我们可以认为它们会被用来制造多种不同的文件。然而，这个圆盘是使用这套印章制作并留存至今的唯一文件。”

让这种匮乏显得更加令人沮丧的是，在克里特岛另一端位于克诺索斯（Knossos）的米诺斯宫殿遗址中，考古学家发现了几百块写着古代字符的泥板，这些字符有两种，分别称为线形文字A（Linear A）和线形文字B（Linear B）。

虽然年代更早的线形文字A至今仍未揭开神秘的面纱——实际上它是神秘古文字的另一座高峰，但是来自公元前14世纪至前13世纪的线形文字B在20世纪50年代被成功破译：英国建筑师迈克尔·本特里斯（Michael Bentris）发现这些泥板是用希腊文的一种形式书写的。

致力于解密费斯托斯圆盘的人士所面临的挑战是，大多数专家认为它含有的字符数量太少，不足以进行确定的解密。

另一个有趣的事实是，与两种线形文字

上图： 费斯托斯圆盘的两面。这些记号的含义乃至它的制作地点仍有争议，并且是考古学和密码学中最著名的谜团之一。

抽象得多的形状和符号相比，这些字符很精细而且非常清晰。

然而，这些并没有阻止克里特技术教育学院的语言学研究人员加雷斯·欧文斯博士（Dr Gareth Owens）和牛津大学语音学教授约翰·科尔曼（John Coleman）对这个圆盘提出一种可行的解读方法，从而为其内容提供了一些诱人的线索。

两人发现了被解密的线形文字B和圆盘字符之间的相似性，这让他们能够“阅读超过90%的费斯托斯圆盘”。例如，有一个被欧文斯称为“朋克头”的符号，经鉴定认为它与线形文字B的第28个符号拥有相同的语音(1)。两人使用该假设和其他类似假设，以及用线形文字B书写的平行文本，将圆盘上重复出现的符号组合鉴定为IQEKURJA，意为“怀孕的母亲”或“女神”。这让他们提出该圆盘可能记载了对某位米诺斯女神的祷词。

然而，在进行确定的解密之前，我们永远无法得知这种解释是否正确，而这或许需要找到使用相同字符书写的其他文件才行。

密码破译术的诞生

在密码学（cryptography）的发展中，最初的数千年岁月并未见证密码分析学（cryptanalysis）的密码破解技术的类似发展。这些技术是在阿拉伯人当中发明的。

在公元750年后的伊斯兰文化黄金时代，学者们精通科学、数学、艺术和文学。密码学辞典、百科全书和教科书纷纷出版，而对词源和语句结构的学术探讨导致了密码分析学的第一次重大突破。穆斯林学者意识到，任何语言中的字母都以某种有规律且可靠的频率出现。他们还了解到关于这种频率的知识可以用来破解密码，这种技术名为频率分析法（frequency analysis）。

对密码分析学的首次有记录的解释来自公元9世纪的阿拉伯自然科学家、哲学家兼著述丰硕的作家阿-肯迪（Al-Kindi，全名为Abu Yusuf Yaqub ibn Ishaq al-Sabbah Al-Kindi）所撰写的《解密加密信息手稿》（*A Manuscript on Deciphering Cryptographic Messages*）。

对页图： 从约公元750年延续至13世纪的伊斯兰黄金时代见证了众多科学家、艺术家和哲学家的伟大成就，其中就包括伟大的密码学专家阿-肯迪。

左图： 阿-肯迪的《解密加密信息手稿》中的一页。

密码分析

频率分析法

频率分析法大概是密码破译者所需要的最基本的工具。虽然字母表中每个字母出现的确切频率在每一段文本中都有所不同，但是在破解以加密法书写的信息时，一些常规模式仍然是很有用的。

例如，字母e在英语中是最常见的——平均而言，在任何一段书面文本中，12%的字母是e。在最常见的字母排行榜上，排在它后面的字母是t、a、o、i、n和s。最不常见的字母是j、q、z和x。

英语文本中字母的预期相对频率：

字母	百分比	字母	百分比
A	8.0	N	7.1
B	1.5	O	7.6
C	3.0	P	2.0
D	3.9	Q	0.1
E	12.5	R	6.1
F	2.3	S	6.5
G	1.9	T	9.2
H	5.5	U	2.7
I	7.2	V	1.0
J	0.1	W	1.9
K	0.7	X	0.2
L	4.1	Y	1.7
M	2.5	Z	0.1

数据来自迈尔-马加什（Meyer-Matyas）进行的字母数量清点，清点数字发表在《被破解的秘密：密码学的方法和准则》(*Decrypted Secrets: Methods and Maxims of Cryptology*）一书中。

换成图表形式，这种分布看上去是这样的：

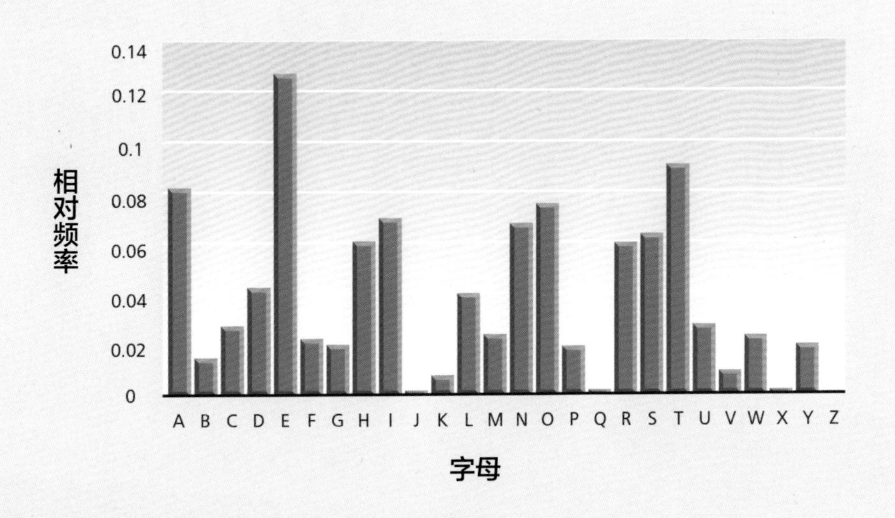

利用这个知识，你可以先计算加密信息中各字母或者符号的出现频率，然后将计算结果与明文中各字母通常会出现的频率进行对比。

接下来，你需要查看字母的组合方式。例如，“the”在英语中是最常出现的三字母组合或单词，而字母“q”的后面通常紧接着一个“u”。字母“n”后面紧接元音字母的概率比辅音字母大得多。类似地，代词“I”和冠词“a”是最常见的单字母单词。

不能保证任何文本都与期望频率严格相符，例如，科学论文在遣词造句上一定和情书截然不同。

不过，使用这些关键的碎片知识，密码分析员仍然可以在密码文本和明文文本之间建立联系，大致上摸索出信息中的某些字母可能是什么。

通过不断试错和仔细、谨慎的推测，在毅力和运气的帮助下，就有可能填补空缺、破解密码。

中世纪的密码学

对页图： 公元14世纪主要贸易中心威尼斯的早期地图。

当阿拉伯世界在提高学术水平时，密码学在欧洲的应用却不那么广泛。中世纪早期的秘密书写主要局限于修道院，教士们会在这些地方学习《圣经》和希伯来文密码，例如埃特巴什码。

在这段时期，密码用于宗教文本之外的一个罕见例子来自一篇科学论文，名为《行星的测量仪》(*The Equatorie of the Planetis*)，主题是一种天文仪器的建造和使用。这篇论文被某些学者认为是杰弗里·乔叟（Geoffrey Chaucer）所作（其他人对此表示质疑），其中包括许多用密码写成的短章节，字母通通换成了符号。

在1400年之后的大约4个世纪，秘密书写的主要方法是加密法和编码法的一种结合，称为命名密码法（nomenclator）。命名密码法是在14世纪末的南欧发展出来的，当时威尼斯、那不勒斯和佛罗伦萨等富裕城邦正在争夺贸易主导权，与此同时，罗马天主教会已经因为两位教皇有争议的主张而分裂。

命名密码法结合了编码法书写和加密法书写两种技术，它使用替换式密码打乱一段信息的大部分文本，同时用密码字（code word，码字）或符号替代特定的单词或名字。例如，某种命名密码法可能包括一系列用来替代字母的符号，以及另一系列用来直接替代常用单词或名字的其他符号。于是单词“and”（“和”）可能写成“2”，而“King of England”（“英格兰国王”）变成了“&”。

在早期，命名密码法会使用仅含一两个字母的简短对应编码来取代少量密码字，然后再混合使用单一字母替换式密码弄乱信息的剩余部分。到公元18世纪时，命名密码法的使用规模大大增加，在俄国使用的一些命名密码法甚至包括对应数千个单词或音节的编码。

经文密码

在许多人看来，密码学和宗教书写的令人陶醉的结合有着莫大的魅力。最能证明的这一点的莫过于丹·布朗撰写的畅销小说《达·芬奇密码》获得的巨大成功，这本书将关于基督教的隐秘信息、密码和深藏的秘密结合起来，成为一部优秀的惊悚小说。

不过，在小说和幻想的领域之外，秘密书写和宗教的确拥有一段悠久的共同历史，部分原因来自必要性——迫害会导致宗教走向地下。在犹太基督教传统中，最著名的加密系统大概是埃特巴什码（Atbash cipher）。埃特巴什码是一种传统希伯来文替换式密码，在这种加密方式中，希伯来字母表的第1个字母被倒数第1个字母取代，第2个字母被倒数第2个取代，以此类推。埃特巴什（Atbash）这个名字源自希伯来字母表中的alef、tav、bet、shin，它们分别是字母表中的第1、倒数第1、第2和倒数第2个字母：

上图： 一部《摩西律法》的卷轴，其中包括写在羊皮纸上的五卷《旧约》。

埃特巴什码替代出现在《旧约》中的至少两处。头两处出现在《耶利米书》（*Jeremiah*）25章26节和51章41节，单词“sheshach”替代了“Babel”（巴别，意为巴比伦）。在《耶利米书》51章1节中，“Kashdim”（迦勒底人）这个单词被短语“leb kamai”取代。学者们认为，埃特巴什式转换的目的并不一定是为了隐藏含义。相反，它被认为是揭示《律法书》特定隐藏意义的一种手段。

《圣经》中另一种常常被讨论的“编码”和希伯来字母代码（gematria）有关，这是一种《律法书》分析法，它为各个字母赋予数值，然后将所有数字加起来并解释结果。最有名的例子大概是666，这是出现在《启示录》13章18节中的那头兽的数字。有些专家认为这个数字实际上指的是“Nero Caesar”

The Atbash Cipher

Alef	Tav
Bet	Shin
Gimel	Resh
Dalet	Qof
He	Tsadi
Vav	Final Tsadi
Zayin	Pe
Het	Final Pe
Tet	Ayin
Yod	Samekh
Final Kaf	Nun
Kaf	Final Nun
Lamed	Mem
Final Mem	Final Mem
Mem	Lamed
Final Nun	Kaf
Nun	Final Kaf
Samekh	Yod
Ayin	Tet
Final Pe	Het
Pe	Zayin
Final Tsadi	Vav
Tsadi	He
Qof	Dalet
Resh	Gimel
Shin	Bet
Tav	Alef

上图：《圣经》中对巴比伦国王宁录以及建造巴别塔（Tower of Babel）的描述。"巴别"是《圣经》中使用埃特巴什码替换的例子之一。

（尼禄·恺撒，古罗马暴君），这两个单词是从希腊语"Neron Kaiser"直接转写而来的。

另一个例子出现在《创世记》14章14节，这一节讲述了亚伯拉罕如何抽调他家族麾下的318名战士前去营救自己被掳走的侄儿罗得。按照拉比教义传统，数字318被视为亚伯拉罕的仆人以利以谢（Eliezer）的希伯来字母代码。这表明亚伯拉罕可能并不是带领318名士兵救出了自己的亲属，而是只在一名仆人的陪伴下完成了这项壮举，而该仆人的名字意为“上帝是我的向导”。

迈克·卓思宁（Michael Drosnin）在他的书《圣经密码》（*The Bible Code*）中描述的一种《圣经》分析方法遭到了广泛的批评。卓思宁写道，通过寻找间距相等的字母并将它们排成序列，可以在《圣经》中找到隐藏的信息。这本书利用数学家伊利雅胡·芮普斯（Eliyahu Rips）等人的工作，提出这套程序在《圣经》中找到了对多种事件如科学突破和暗杀的隐秘指涉。

上图： 巴风特，异教崇拜中头顶长角的偶像。

然而，在专业密码分析员看来，《律法书》代码理论（Torah code theory）是非常可疑的。首先，希伯来语中没有元音字母，因此具有相当大的灵活性。另外，因为一种语言的字母比例相当固定，所以篇幅大致相等的任何两本书都是彼此的近似异位构词——或者说重新排列，因而任何字母序列编码都不是《圣经》独有的。一组研究人员甚至声称，他们通过分析赫尔曼·梅尔维尔（Herman Melville）的《白鲸》（*Moby Dick*）也得到了类似的结果。

巴风特：埃特巴什码理论

对于黑魔法和神秘学爱好者来说，巴风特（Baphomet）这个名字让人想起一个特别令人憎恶的恶魔——甚至可能是撒旦本身——的形象，他以人类的面貌出现，但是长着山羊的角和一双翅膀。但是这些联系的年代其实相对较近，直到19世纪才真正出现，一位名叫伊利法斯·利未（Eliphas Levi）的法国作家兼魔术师推广了巴风特羊头人身并长着翅膀和胸脯的形象。

实际上，巴风特这个名字首先受到公众注意是在数百年前的公元14世纪初，当时圣殿骑士团（Knights Templar）的成员正面临着参与恶魔行为（如崇拜偶像）的指控。

公元1307年10月13日，星期五，法国国王腓力四世在巴黎圣殿逮捕了圣殿大团长雅克·德·莫莱（Jacques de Molay）和其他140

名骑士。严刑拷打之下，圣殿骑士团的成员们承认自己曾做过下面的事情：践踏十字架，在上面吐口水和撒尿；涉及“淫秽亲吻”的入团仪式；通过贿赂接受成员；以及崇拜偶像，包括一个名为巴风特的偶像。因此，很多人被烧死在火刑柱上或者逃离法国。

巴风特这个名字的来自被谜团笼罩着，人们曾经提出几种可能的解释。一种被广泛接受的理解是，Baphomet是伊斯兰先知穆罕默德（Muhammad）名字的一个版本“Mahomet”在古法语中的一种变形。其他理论包括：Baphome来自希腊语单词“Baphe”和“Metis”，二者合在一起的意思是“智慧的洗礼”；或者它由*Temp. ohp. Ab.*这些缩写词构成，而后者又源自拉丁文Templi omnium hominum pacis abhas，意为“人类普世和平之父”。

但是《死海古卷》(*Dead Sea Scrolls*，目前发现的最古老的《希伯来圣经》抄本）的最初研究者之一休·舍恩菲尔德（Hugh Schonfield）提出了最有趣的可能性。舍恩菲尔德认为，“Baphomet”这个名字是使用了埃特巴什替换式密码的知识创造出来的，这种密码希伯来字母表中的最后1个字母代替第1个字母，倒数第2个字母代替第2个字母，以此类推。若是如此，那么“Baphomet”写成希伯来文并用埃特巴什码破译之后，就可以理解为希腊语单词“Sophia”，意为智慧：

ת מ ו פ ב

[taf] [mem] [vav] [pe] [bet]

“Baphomet”从右至左写成希伯来文（希伯来文的书写方向与现代中英文方向都相反，即从右至左）。

舍恩菲尔德将埃特巴什码用在这个名字上，得到下面这个词：

א י פ ו ש

[alef] [yud] [pe] [vav] [shin]

它是希腊语单词“Sophia”从右至左写成希伯来文的样子。

此时，这种联想开始变得更加神秘，因为有人甚至进一步将它与诺斯替教派的女神索菲亚（Sophia）联系起来。而索菲亚有时被等同于抹大拉的玛丽亚（Mary Magdalene），耶稣基督的一位忠实追随者。

密码分析

同音异字

到15世纪初，有迹象表明密码分析员已经在欧洲开展工作了。在为曼托瓦公国（Duchy of Mantua）准备的一种密码中，每个明文元音字母都被分配了多个不同的替代符号。这种类型的密码称为同音异字替代（homophonic substitution），与简单的单套字母密码（monoalphabetic cipher）相比，它更难被密码破译者解开，需要更多的才智和毅力才能破解。它的出现被视为一个清晰的信号，表明曼托瓦公国的密码秘书陷入了一场斗争，对手试图破解一封被截获的信，还表明他对频率分析法的方法有所了解。

同音异字替换式密码需要的密码符号的数量比字母表中的字母多，所以人们使用各种不同的方法发明规模更大的符号系统。一个例子是在替换密码中使用数字符号。其他方法包括使用现有字母表的变体——例如大写、小写或上下颠倒。

下面是同音异字替代的一个例子。最上面一行是明文字母，下面的数字是可选择的密码：

a	b	c	d	e	f	g	h	i	j	k	l	m	n	o	p	q	r	s	t	u	v	w	x	y	z
46	04	55	14	09	48	74	36	13	10	16	24	15	07	22	76	30	08	12	01	17	06	66	57	67	26
52	20		97	31	73	85	37	18	38		29	60	23	63	95		34	27	19	32				71	
58				39			61	47			49		54	41			42	64	35						
79				50			68	70									53		78						
91				65															93						
				69																					
				96																					

使用这种密码，明文文本 “This is the beginning”（“这是开始”）可以写成：

01361312 1827 193731 043974470723705485

破解同音异字替换式密码

虽然同音异字能够成功掩盖个体字母的频率，但是那些二字母或三字母组合隐藏得就没有那么好了，特别是在一长串密码文本中，

破解同音异字替换式密码的一种基本方法是检查并寻找密码的部分重复。例如，如果一份密码文本同时出现了

2052644755

和

2058644755

这两段序列，密码分析员就会怀疑“52”和“58”是否为同一明文字母的同音异字。

另外，知道英语单词中最常见的二字母和三字母组合是“th”“in”“he”“er”“the”“ing”“and”的密码分析员，可能发现字符37常常前面是19，而后面跟着39。

大胆猜测一下，这可能表明19代表“t”，37是“h”，而39是“e”。通过继续执行这一过程，就可以费尽心力地揭示这条信息的秘密了。

苏格兰女王玛丽之死

1587年，英格兰最有成就的密码学专家使用频率分析法将一位女性君主置于死地，并就此决定了一个国家的未来。作为苏格兰女王，玛丽一世对苏格兰的统治持续到1567年，在这一年，她被废黜了王位并逃到了英格兰。但是她的表妹英格兰女王伊丽莎白一世将信奉天主教同时亦是亨利八世外甥孙女的玛丽视为威胁，先后将她囚禁在英格兰各地的一系列城堡中。伊丽莎白制定的反天主教法律在英格兰制造出了恐怖气氛，而被囚禁的玛丽成了致力于推翻新教女王的国内动乱和阴谋的焦点。

1586年，玛丽的追随者安东尼·巴宾顿（Anthony Babington）开始谋划暗杀伊丽莎白并将玛丽扶上王位。这场密谋的成功依赖玛丽的合作，但是与她进行密文通信并非易事。于是巴宾顿招募了一位名叫吉尔伯特·吉福德（Gilbert Gifford）的前神学院学生充当信使，这个大胆的年轻人很快发现了一种传递信息的方法：他将信件藏进啤酒桶里，偷偷运进和运出玛丽的监牢，位于查特里的乡村庄园。但是吉福德是个双面间谍。他曾誓言效忠伊丽莎白的首席秘书弗朗西斯·沃尔辛厄姆爵士（Sir Francis Walsingham）——英格兰首个情报机构的创立者。这位前神学院学生将玛丽的信直接交给了英格兰的密码破译大师——托马斯·菲利普斯（Thomas Phelippes）。

玛丽与外界之间的通信有很大一部分是加密过的，但这对于菲利普斯而言只是个小问题。他是一位身材高瘦的近视眼，脸上有感染天花留下的麻子。据说他能流利地使用法语、西班牙语、意大利语和拉丁语，而且还是一个名气很大的伪造专家。作为沃尔辛厄姆的顶级密码学专家，他精通频率分析法，这项技能让他能够揭开在被囚禁的玛丽和巴宾顿之间传递的信息的秘密。

在菲利普斯帮忙搜集的证据的基础上，沃尔辛厄姆试图让伊丽莎白相信，除非她将玛丽处决，否则她的王位和生命都处于险境。英格兰女王拒绝了这个建议，但是沃尔辛厄姆确信，如果找到玛丽正在谋划暗杀的证据，伊丽莎白就会同意处决她。

上图： 苏格兰女王玛丽一世（1542—1587年）。她在伊丽莎白一世手下的事败身死成了加密学历史的一条主线。

下图： 伊丽莎白一世（1533—1603年），英格兰女王，法国女王（只是名义上的）和爱尔兰女王，1558年11月即位，在位至死。

Gilbert Curll

Cifra wth Anthony ... Bab.
Babington

a b c d e f g h i k l m n o p q r s t u x y z

Nulles ... Dowbleth

and for with that if but where as of the from by so not when there

this in wh is what say me my wryt send lre receave bearer I pray you

Mte your name myne

This was the alphabete wth Babington
Gilbert Curll

Anthonie Babington

Acknowledged & subscribed by Babington
prime Sept: 1586 in ye presence of Edwarde Barker

148

54

7月6日，巴宾顿给玛丽写了一封长信，信中提到了后世所谓“巴宾顿阴谋”（Babington Plot）的细节。他向玛丽寻求准许和建议，以确保“处决篡位竞争对手”，也就是暗杀伊丽莎白一世。当玛丽在7月17日回信时，她终结了自己的命运。沃尔辛厄姆让技艺高超的菲利普斯复制了这封信，并在信中添加了一段伪造的附言，要求巴宾顿提供阴谋参与者的身份。

名单被如期提供，这些人的命运也已终结。玛丽在这场阴谋中的作用得到了证明。沃尔辛厄姆此时可以果断采取行动了。数天之内，巴宾顿和他的同道被捕，押往伦敦塔监狱。玛丽在10月接受审判。伊丽莎白在1587年2月1日签署了她的死刑执行令，7天后，她在法瑟林盖城堡的大厅被斩首。

一段密文被吉尔伯特·吉福德用麦芽酒桶从查特里庄园偷运出来，然后直接交到托马斯·菲利普斯手上，这则消息被玛丽的密码秘书吉尔伯特·柯尔（Gilbert Curle）加密过。他使用了一系列不同的命名密码法和“空值”（nulls）进行加密，后者不代表任何东西，只是作为吸引注意力的东西引入加密系统中，扰乱密码破译者的思维。

然而，在精通频率分析法的菲利普斯面前，玛丽的密码毫无机会。当毅力、严谨的推理和纯粹的运气相结合，就有可能填补空白并破解密码。对于熟练的密码学专家，这是第二天性——至于托马斯·菲利普斯，据记载他几乎在刚拿到玛丽的信时就破译出了它们。

对页图： 托马斯·菲利普斯在苏格兰女王玛丽一世写给安东尼·巴宾顿的信中伪造的密码附言，要求他提供同谋者的名字。

密码分析

频率分析法实例

在面对一段加密文本时，密码分析员首先迎接的挑战之一是搞清楚原始信息经过了哪种类型的变形。在没有任何其他线索的情况下，频率分析法可以帮忙查清你面对的是什么。

例如，在一段换位式密码中，各字母的频率会与明文文本中完全一样——它们没有被取代，只是打乱了顺序，所以“e”仍然会是最常见的字母，诸如此类。另一方面，替换式密码会有不同的字母频率，也就是说，取代了“e”的字母将会是出现最频繁的字母。

假设你正试图破解下面这段密码文本，而你只知道原始明文文本是用英语写的：

YCKKVOTM OTZU OZGRE IGKYGX QTKC ZNGZ NK CGY XOYQOTM CUXRJ CGX LUX NK NGJ IUTLKYYKJ GY SAIN ZU NOY IUSVGTOUTY GTJ YNAJJKXKJ GZ ZNK VXUYVKIZ IRKGX YOMNZKJ GY NK CGY NUCKBKX TUZ KBKT IGKYGX IUARJ GTZOIOVGZK ZNK LARR IUTYKWAKTIKY UL NOY JKIOYOUT

首先，完成对密码文本中所有字母的频率计数。一种行之有效的方法是在一张纸的底部按顺序写下字母表中的所有字母，然后每遇到密码文本中的一个字母，就在相应字母的上方划一个“×”，得到一张图表（如右图所示）。

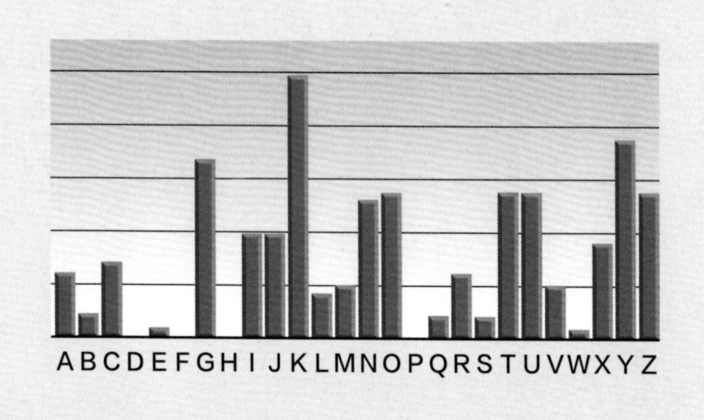

然后将完成的图表与我们此前根据英语中字母的标准分布得出的图表（对页上图所示）进行对比。

在密码文本中，我们立刻就能看出里面没有几个“e”——说明这不是简单的换位式密码。然而，密码文本中的字母频率的确与标准频率有些相似之处。例如，看一下字母K。它是毫无疑问最常见的字母，这表明它可能在这套密码中取代了“e”。

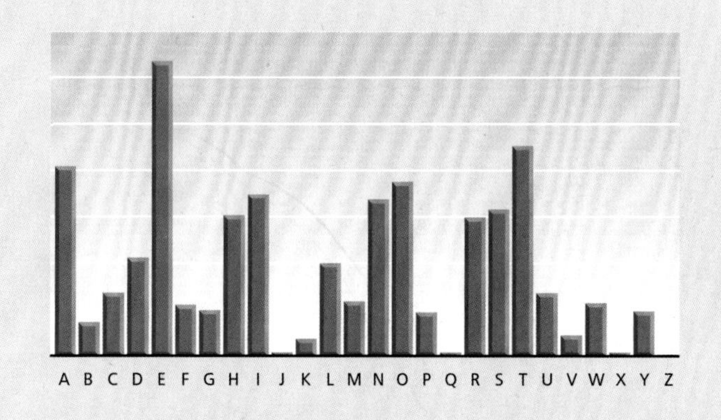

还有其他线索——例如在K之后的模式中。在N和O出现了两个高峰，然后是T、U。接下来在X、Y和Z有3个相对较高的峰。

有经验的密码分析员会识别出这种2-2-3高峰模式。在英语明文中，这些高峰出现在字母H和I、N和O，以及R、S和T上。

实际上，这一整张图表看上去有点像是标准频率的图表向右移动了六位之后的样子。而事实就是这样。这段文本的加密方法是六位恺撒挪移式密码。

于是，通过将密码文本的每个字母在字母表中往回移动六位，Y变成S，C变成W……，直到

YCKKVOTM OTZU OZGRE IGKYGX QTKC ZNGZ NK CGY XOYQOTM CUXRJ CGX LUX NK NGJ IUTLKYYKJ GY SAIN ZU NOY IUSVGTOUTY GTJ YNAJJKXKJ GZ ZNK VXUYVKIZ IRKGX YOMNZKJ GY NK CGY NUCKBKX TUZ KBKT IGKYGX IUARJ GTZOIOVGZK ZNK LARR IUTYKWAKTIKY UL NOY JKIOYOUT

变回汤姆·赫兰德（Tom Holland）的书《卢比孔河》(*Rubicon*）中的一段摘录：

Sweeping into Italy, Caesar knew that he was risking world war for he had confessed as much to his companions and shuddered at the prospect. Clear-sighted as he was however, not even Caesar could anticipate the full consequences of his decision.

中文大意：挥师进入意大利时，恺撒知道自己冒着掀起世界大战的风险，他对自己的同伴透露了这个判断，并对前景感到不寒而栗。然而，即便恺撒的目光如此透彻，他也没能预料到自己这个决定的全部后果。

《爱经》中的密码

按照现代人的说法，来自古印度的典籍《爱经》(*Kama Sutra*) 就是性爱手册的一种代名词，尤其是描绘其内容的插图版本、视频以及网站的数量之多，令人目不暇接。但是这本《筏蹉衍那爱经》(*Kama Sutra of Vatsyayana*，筏蹉衍那是该书作者）远不只是富于异国情调的新奇做爱姿势的指南。除了根据男人和女人的私处尺寸将他们和她们分成三种类型（男人是野兔、公牛或马，女人是母鹿、母马或大象），它还是一部关于爱情、浪漫、婚姻等相关事项的完备新手指南。

《爱经》还提出妇女应该开发密码学和密码分析技能。基本技能清单的第41项是解开谜语和使用隐秘口语的能力。紧随其后的是秘密书信（Mlecchita vikalpa），即“理解加密法书写以及用特定方式书写字词的技能”。

这本书有一些可能会用到的技巧的实例插图，包括在口语中改变单词的开头和结尾或者在音节之间添加字母的技巧。至于书面写作，它提到“将元音字母与辅音字母分开或者干脆将元音字母全部摘除，以这种方式打乱一段文字的单词”。

耶输陀罗（Yasodhara）的《迦雅曼迦拉》(*Jayamangala*）是一本对《爱经》的重要评论集，撰写于约公元1000年，书中描述了《爱经》可能使用的一种加密系统的各种形式。大卫·卡恩（David Kahn）在他的大部头巨著《密码破译者》(*The Code Breakers*）中将其中一种形式称为“kautiliyam”，在这种加密方式中，字母会根据语音关系被替换，例如元音字母变成辅音字母。

另一种被列出的方法是“Muladeviya”。在这套加密系统中，字母表中的一些字母发生交换，而其余字母保持不变：

a	kh	gh.	c	t	ñ	n	r	l	y
k	g	n		t.	p	n.	m	s.	s	-

“如果一名妻子与自己的丈夫分开并陷入困境，即使她在异邦外国，也可以凭借自己对这些技艺的了解轻松地养活自己，”《爱经》作者筏蹉衍那写道，“精通这些技艺的男子善于言谈，并熟稔向女子献殷勤的绅士风度。”

虽然《爱经》中的某些提议在现代社会中显得有些古怪，但是关于秘密书写的建议却永远不会过时。从罗密欧和朱丽叶到查尔斯王子和卡米拉，各个时代的情人都可以证明，没有什么比在卧室里向外面的世界吐露自己的情话更尴尬的了。

对页图： 一张制作于18世纪的《爱经》手稿插图。

第二章

构筑历史的密码巧思

教廷能人不断改变密码编制的面貌，法国皇室王牌密码编写员父子创造“伟大密码”：从罗斯林教堂的秘密、《伏尼契手稿》到铁面人之谜。

频率分析法的使用粉碎了简单密码曾经提供的安全性。这意味着任何使用单套字母替换式密码系统的人都面临着他们的信息被敌人破解阅读的前景。

密码破译员或许获得了优势，但这种优势没有保持很久。一系列才智非凡的欧洲业余爱好者推动了下一阶段的发展，他们创造出了一种在字母频率分析法面前牢靠得多的密码。

教皇加密

这种新形式的密码可以追溯到罗马教廷，它是某位富有的佛罗伦萨人的私生子莱昂·巴蒂斯塔·阿尔伯蒂（Leon Battista Alberti）聪颖非凡的头脑的产物。阿尔伯蒂是一位天才的文艺复兴式的人物，其才能涵盖建筑学、艺术、科学和法律。据各方面所说，他还是一位杰出的密码破译者。有一天，阿尔伯蒂和自己担任教皇秘书的朋友莱昂纳多·达托（Leonardo Dato）在梵蒂冈的花园里散步，聊天内容转到了密码这个主题上。达托坦白梵蒂冈需要发送加密信息，而阿尔伯蒂承

对页图： 莱昂·巴蒂斯塔·阿尔伯蒂，文艺复兴式的博学者，杰出的密码破译员，密码盘的发明者。

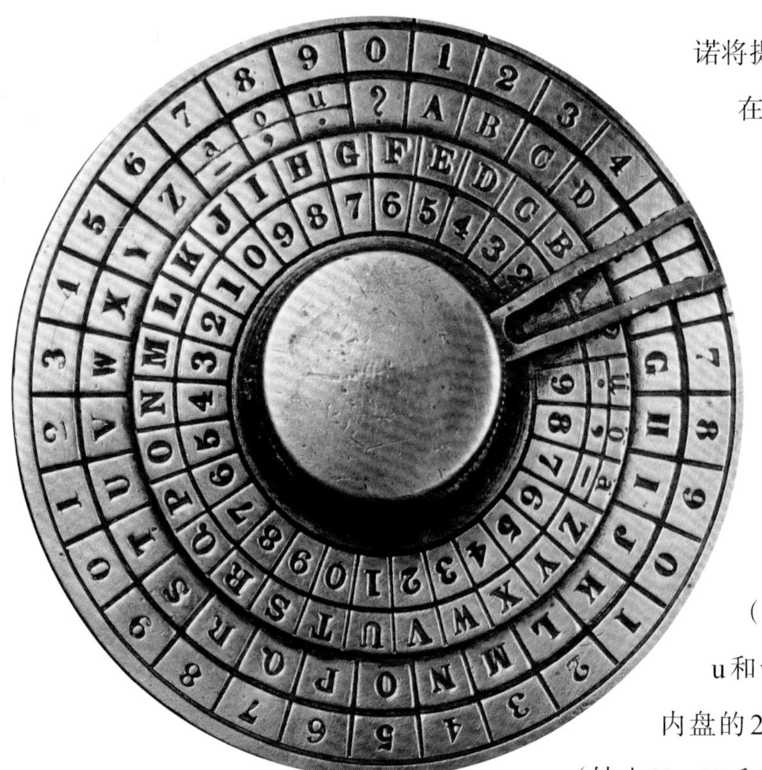

上图：基于阿尔伯蒂最初的密码盘概念制作的19世纪密码盘。

诺将提供帮助。似乎正是因为这件事，他在大约1467年写了一篇文章，为一种全新的加密法书写方法奠定了基础。阿尔伯蒂的文章包括对频率分析法的清楚解释，并且提供了多种解开密码的方法。它还描述了一种使用两个同心金属圆盘的加密系统，这两个金属盘的圆周都被分为24等份。外盘的24格包括字母表中的字母和1—4这几个数字（他略去了h、k和y这3个字母，而j、u和w这3个字母不在拉丁文字母表中）。内盘的24格包括拉丁文字母表的24个字母（缺少U、W和J，增加了一个“et”），顺序随机。要想发送加密信件，需要在外盘上找到明文信息中的字母或数字，然后用内盘上与之对应的字母代替。发信人和收信人都需要两个相同的圆盘并确定它们的相对初始位置。

到目前为止，这套系统还只是单套字母替换式密码。但是在文章的后半段，阿尔伯蒂迈出了天才的一步。“写了三四个单词之后，”他写道，“我将旋转圆盘，以改变指针在程式中的位置。”这听上去也许没什么大不了，但其后果却非常重要。例如，对于前几个字母，内盘上的密码文本“k”对应的是明文“f”，但是圆盘一旦旋转，密码文本“k”就可能突然开始代表“t”，或者外盘上的任何其他字母。

这大大提高了密码破译者的工作难度。圆盘的每个新位置都在密码文本和明文文本之间引入了新的关联，这意味着（以英语为例）单词“cat”（“猫”）可能在一种情况下是“gdi”，而在另一种情况下是“alx”。因此，频率分析法的实用性大大降低了。

此外，阿尔伯蒂还将外盘上的数字用作一种加密编码。也就是说，在加密明文之前，他会先根据一小册编码簿将特定短语替换为从1到4

的数字组合。然后这些数字将与信息的其余部分一起被加密。

阿尔伯蒂的杰出成就为他赢得了“西方密码学之父”的头衔。但是，密码学的发展并未止步于此，多套字母系统的下一步发展来自一个同样杰出的头脑。

特里特米乌斯的密码方表

约翰尼斯·特里特米乌斯（Johannes Trimethius）是一名出生于德国的男修道院院长，他制作了世界上第一本关于密码学的印刷图书。不夸张地说，他是个充满争议的人物，对神秘主义的兴趣令他的朋友惊愕，更令其他人震怒。1516年去世后，他的密码学巨著《多重密码》(*Polygraphia*）作为一套6卷丛书出版。这部作品论述了方表（tableau，见48页），它现在已经成为编写多字母替换式密码系统（polyalphabetic cipher systems）的标准方法。

在16世纪接下来的几十年里，多字母替换式密码背后的思想得到了进一步的完善，而有一个人的名字与这种方表形式的密码永远地连在了一起，他就是布莱斯·德·维吉尼亚（Blaised e Vigenère），一名出生于1523年的法国人。

维吉尼亚是法国外交官，1549年在罗马执行一项为期2年的驻外任务时，26岁的他首次接触密码学。在这两年里，他阅读了阿尔伯蒂、特里特米乌斯以及其他重要人物的作品，或许还结识了一些梵蒂冈的密码破译内行。大约20年后，维吉尼亚从宫廷退休并开始写作。他一共写了20多本书，其中包括著名的《密码论》(*Traicté des Chiffres*)，该书于1586年首次出版。

罗斯林教堂的秘密：建筑和音乐中的隐藏含义

纵观历史，艺术家们会通过隐藏的含义、密码和符号丰富他们的作品。例如，人们认为莫扎特在他的一些歌剧里隐晦地提到了共济会，而莱昂纳多·达·芬奇的画作常常充满微妙的弦外之音和象征意义。

建筑师们也会在他们的创造中加入微妙的信息。而最神秘的建筑作品或许位于一个名叫罗斯林（Roslin）的小村庄，该村坐落在苏格兰首府爱丁堡以南。在那里，你会发现这座名为罗斯林教堂（Rosslyn chapel）的非凡建筑。

这座教堂在1446年的圣马太日（9月21日）这一天奠基建造，它的建筑充满已让访客着迷数百年的密码和隐藏含义。最吸引人的是“学徒之柱”（Apprentice Pillar），上面雕刻着突出而美丽的螺旋形图案。

有些人认为，这根柱子和它的搭档——所谓的“师傅之柱”（Master Pillar）——象征着矗立在耶路撒冷第一圣殿入口的两根柱子波阿斯（Boaz）和雅斤（Jachin）。与这根柱子相连的柱顶过梁上有一段拉丁语铭文：Forte est vinum fortior est rex fortiores sunt mulieres super omnia vincit veritas，翻译过来的意思是“葡萄酒是强大的，国王更强大，女人比国王还要强大，但真理战胜一切”。这段引文来自《圣经次经》（*Biblical Apocrypha*，或称旁经、后典或外典）中的《以斯得拉书》（*Esdras*）第三章。

这座教堂还与共济会组织有着悠久的联系，而且传说中还与圣殿骑士团有关。教堂各处都提到了共济会传说的重要部件海勒姆之钥（Key of Hiram），而且进入现代以后，这栋建筑还被共济会团体——现代的圣殿骑士团——用于举办各种仪式。

另外，由于它和共济会的联系以及地板下面有秘密地窖的传闻，这座教堂被认为可

对页图： 著名的学徒之柱。
上图： 拥有大量雕刻细节的罗斯林教堂内屋顶。

能是圣杯的最终安放之地。根据传说，有三个中世纪宝箱埋在这里的某个地方，但是在教堂里面或附近进行的扫描和发掘并未找到任何东西。

然而，有一次探索收获了结果。2005年，苏格兰作曲家斯图尔特·米切尔（Stuart Mitchell）成功地破解了隐藏在教堂天花板上213个方块中的一系列复杂的编码。经过对这个问题长达20年的思考，米切尔发现这些方块上的图案构成一首供13名中世纪乐师演奏而创作的乐曲。人们认为，这种不同寻常的声音对于教堂的建造者而言具有重要的精神意义。

解密的关键时刻是当他发现教堂内12根支柱，每根支柱底部的石头形成一个终止式（cadence，结束乐句或乐段的和声进行公式）时——15世纪已知或被使用的终止式只有三种类型。

2005年10月，他告诉《苏格兰人报》（*The Scotsman*）："它是三拍子的，听上去天真烂漫，并且基于单声圣歌，后者是当时的常见节拍形式。在15世纪，乐谱缺乏关于节奏的指示，所以我选择将其演奏六分半钟，但是如果使用不同的节奏，它可以拉长到8分钟。"

至于应该演奏这首乐曲的乐师，教堂本身也给出了指示。每根柱子的底部都有一个乐师在演奏不同的中世纪乐器——包括风笛、锡笛、小号、中世纪口风琴、吉他和人声演唱。来自爱丁堡的米切尔将这首乐曲命名为"罗斯林卡农史诗"（The Rosslyn Canon of Proportions）。

密码分析

特里特米乌斯方表

对页是特里特米乌斯使用所有英文字母描述的方表。他的理念是摆出一张26行26列的表格。每一行都包括按照标准顺序排列的完整字母表，但是在依次连续的每一行中，字母表都会经历一位恺撒式挪移（见对页）。

若要书写加密信息，特里特米乌斯建议使用第一行加密第一个字母，第二行加密第二个字母，以此类推。在令信息不易被频率分析法破解这方面，特里特米乌斯的方法与阿尔伯蒂的相比有明显优势。特别是它掩盖了单词中字母的重复，而这种重复对于密码破译员可能是重要线索。

假设你想使用特里特米乌斯的方法加密“all is well”（“一切都好”）这条信息。使用表格的第一行作为你的明文，然后对于每个明文字母，依次使用下面的字母行提供密码文本。我们可以使用对页的表格进行演示。对于明文的第一个字母，我们从第一行取字母a。对于第二个字母，沿着字母“l”开头的一列向下数到第二行，取相应字母。对于接下来的“l”，向下数到第三行。继续这个过程，直到将这条信息全部加密（见前页）。

于是加密信息是AMN LW BKST。注意，重复的字母“l”在密码文本中变得不再重复。

特里特米乌斯方表

a	b	c	d	e	f	g	h	i	j	k	l	m	n	o	p	q	r	s	t	u	v	w	x	y	z
b	c	d	e	f	g	h	i	j	k	l	m	n	o	p	q	r	s	t	u	v	w	x	y	z	a
c	d	e	f	g	h	i	j	k	l	m	n	o	p	q	r	s	t	u	v	w	x	y	z	a	b
d	e	f	g	h	i	j	k	l	m	n	o	p	q	r	s	t	u	v	w	x	y	z	a	b	c
e	f	g	h	i	j	k	l	m	n	o	p	q	r	s	t	u	v	w	x	y	z	a	b	c	d
f	g	h	i	j	k	l	m	n	o	p	q	r	s	t	u	v	w	x	y	z	a	b	c	d	e
g	h	i	j	k	l	m	n	o	p	q	r	s	t	u	v	w	x	y	z	a	b	c	d	e	f
h	i	j	k	l	m	n	o	p	q	r	s	t	u	v	w	x	y	z	a	b	c	d	e	f	g
i	j	k	l	m	n	o	p	q	r	s	t	u	v	w	x	y	z	a	b	c	d	e	f	g	h
j	k	l	m	n	o	p	q	r	s	t	u	v	w	x	y	z	a	b	c	d	e	f	g	h	i
k	l	m	n	o	p	q	r	s	t	u	v	w	x	y	z	a	b	c	d	e	f	g	h	i	j
l	m	n	o	p	q	r	s	t	u	v	w	x	y	z	a	b	c	d	e	f	g	h	i	j	k
m	n	o	p	q	r	s	t	u	v	w	x	y	z	a	b	c	d	e	f	g	h	i	j	k	l
n	o	p	q	r	s	t	u	v	w	x	y	z	a	b	c	d	e	f	g	h	i	j	k	l	m
o	p	q	r	s	t	u	v	w	x	y	z	a	b	c	d	e	f	g	h	i	j	k	l	m	n
p	q	r	s	t	u	v	w	x	y	z	a	b	c	d	e	f	g	h	i	j	k	l	m	n	o
q	r	s	t	u	v	w	x	y	z	a	b	c	d	e	f	g	h	i	j	k	l	m	n	o	p
r	s	t	u	v	w	x	y	z	a	b	c	d	e	f	g	h	i	j	k	l	m	n	o	p	q
s	t	u	v	w	x	y	z	a	b	c	d	e	f	g	h	i	j	k	l	m	n	o	p	q	r
t	u	v	w	x	y	z	a	b	c	d	e	f	g	h	i	j	k	l	m	n	o	p	q	r	s
u	v	w	x	y	z	a	b	c	d	e	f	g	h	i	j	k	l	m	n	o	p	q	r	s	t
v	w	x	y	z	a	b	c	d	e	f	g	h	i	j	k	l	m	n	o	p	q	r	s	t	u
w	x	y	z	a	b	c	d	e	f	g	h	i	j	k	l	m	n	o	p	q	r	s	t	u	v
x	y	z	a	b	c	d	e	f	g	h	i	j	k	l	m	n	o	p	q	r	s	t	u	v	w
y	z	a	b	c	d	e	f	g	h	i	j	k	l	m	n	o	p	q	r	s	t	u	v	w	x
z	a	b	c	d	e	f	g	h	i	j	k	l	m	n	o	p	q	r	s	t	u	v	w	x	y

加密信息“All is well”（“一切都好”）

A	b	c	d	e	f	g	h	i	j	k	l	m	n	o	p	q	r	s	t	u	v	w	x	y	z
b	c	d	e	f	g	h	i	j	k	l	**M**	n	o	p	q	r	s	t	u	v	w	x	y	z	a
c	d	e	f	g	h	i	j	k	l	m	**N**	o	p	q	r	s	t	u	v	w	x	y	z	a	b
d	e	f	g	h	i	j	k	**L**	m	n	o	p	q	r	s	t	u	v	w	x	y	z	a	b	c
e	f	g	h	i	j	k	l	m	n	o	p	q	r	s	t	u	v	**W**	x	y	z	a	b	c	d
f	g	h	i	j	k	l	m	n	o	p	q	r	s	t	u	v	w	x	y	z	a	**B**	c	d	e
g	h	i	j	**K**	l	m	n	o	p	q	r	s	t	u	v	w	x	y	z	a	b	c	d	e	f
h	i	j	k	l	m	n	o	p	q	r	**S**	t	u	v	w	x	y	z	a	b	c	d	e	f	g
i	j	k	l	m	n	o	p	q	r	s	**T**	u	v	w	x	y	z	a	b	c	d	e	f	g	h

最神秘的书：《伏尼契手稿》

上图及对页图：《伏尼契手稿》中的一页。

公元1639年，来自布拉格的炼金术士格奥尔格·巴雷施（Georg Baresch）给著名耶稣会学者阿塔纳斯·珂雪（Athanasius Kircher）写了一封信，恳求他伸出援手，解密一本困扰自己多年的书籍。这部手稿似乎和炼金术有关，但它是用一种令人难以理解的神秘文字符号写成的，而且几乎每一页都有错综复杂且晦涩难懂的插图。

得知珂雪已经"破解"埃及象形文字后，巴雷施希望他能够解开自己这本神秘之书的秘密，于是将它的复制本寄给了身在罗马的珂雪。但是在这本书面前，珂雪似乎和巴雷施一样困惑，并未得出解决方法。

从那以后已经过了360多年，而这两位17世纪学者的失败显然没有什么好尴尬的。因为《伏尼契手稿》[*The Voynich Manuscript*，以波兰书迷威尔弗里德·伏尼契（Wilfrid Voynich）的名字命名，他于1912年在罗马附近一座耶稣会学院的图书馆里重新发现了它]基本上仍然是个谜，尽管人们为了破解它做出过许多次英勇的尝试。

这本书宽15厘米（约6英寸），高23厘米（约9英寸），共232页，几乎每一页都绘制有复杂的星星、植物和人像插图。在部分页面上，文字呈螺旋状旋转排列，而在另一部分页面上，文字分成数个方块，环绕在页面边缘。在很多地方，文字似乎是页面上画好复杂的插图之后再挤进剩余空间里的。

自20世纪20年代被重新发现以来，《伏尼契手稿》吸引了世界各地的一些最杰出的密码学专家的关注。例如，在第二次世界大战即将结束时，威廉·F. 弗里德曼［William F. Friedman，以破解日本外交密码机"紫

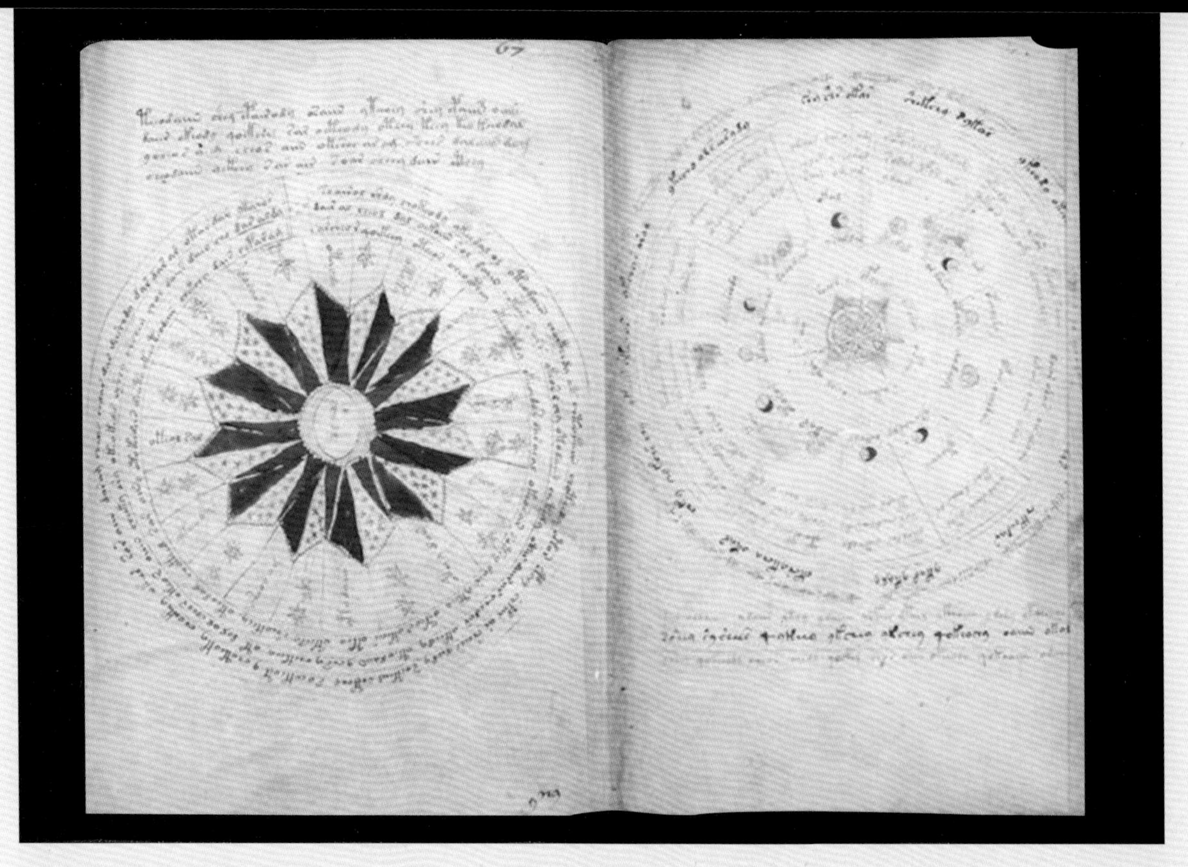

上图： 自然和炼金术，被加密的《伏尼契手稿》。

色”（Purple）而闻名］试图在美军密码分析员的一家深夜俱乐部里解开《伏尼契手稿》的秘密。然而他失败了，正如很多其他人也铩羽而归。

当然，其中或多或少也掺杂了一些站不住脚的《伏尼契手稿》“解析方案”。有人认为，《伏尼契手稿》中包含了13世纪的修道士罗杰·培根（Roger Bacon）的发现和发明。另一些人则认为这是一本来自清洁派的祈祷书，在宗教法庭审查期间躲过了清洗，是用日耳曼语或者罗曼语族的克里奥尔语混杂版本写就的。

还有一些人认为，这本书只是一个骗局——它或许是某个中世纪意大利骗子为了给客户留下深刻印象而瞎编乱造出来的东西。不过本书的篇幅和内容具有一定复杂性，再加上书中反复出现的一些的令人信服的模式，都驳斥了这种说法。

三个多世纪过去了，这本书仍然保持着吸引力。在过去的15年里，来自欧洲航天局的科学家雷内·赞德伯根（René Zandbergen）一直对它很着迷。他说这本书的一部分吸引力在于，它明明看上去是容易破解的，却让众多聪明的头脑束手无策。赞德伯根并不觉得自己是密码学专家，但是他的历史考据工作揭开了这部手稿的几个秘密，包括揭示其历史的通信。在他看来，这本书很可能毫无意义，可以说是一本胡言乱语，来自大约500年或更久之前。

“如果它不是骗局，我唯一能想到的可能性就是书里的单词更像是一种编号系统，”他说，“这样它就更像是编码而不是密码。在这

上图：《伏尼契手稿》的部分章节，页面上布满描绘草药和杂草的植物学绘画。

种情况下想要解密，只能先找到它的编码簿或者隐藏在某座欧洲古代图书馆中的其他某些文档才行。”

然而，《伏尼契手稿》有望最终袒露它的秘密。2014年，英国贝德福德郡大学的应用语言学教授斯蒂芬·巴克斯（Stephen Bax）采用了一种新方法解码这部手稿。他的方法是尽力鉴定书中植物标本的种类，然后尝试将这些植物与它们的名称联系起来，看看是否能够创建出密码字母表。

巴克斯建议使用这种“自下而上”的方法，而不是使用先进的计算机尝试处理手稿中的信息，因为此类技术在解码埃及象形文字和线形文字B方面获得了成功。

通过分析其他中世纪草药手稿，巴克斯推断插图植物的名称应该是出现在同页文本首行的第一个单词。他的首次尝试以手稿的第15和16页为研究对象。他提到下面的文本重复出现了一个单词，该单词在最流行的转译方案中写为“OROR”。巴克斯认为它可能代表阿拉伯语或希伯来语单词arar，意为“刺柏”，而对应的插图画的正是尖叶刺柏（*Juniperus oxycedrus*），一种常见于地中海东部地区的植物。

他以这个鉴定结果为基础，使用相应语音提出了对另外9个单词的鉴定，以及其他14个符号和字符串的近似音值。最后，巴克斯认为这些单词的鉴定表明《伏尼契手稿》既不是骗局也不是精心设计的密码。他的观点是，这部手稿是一本详尽的著述，它是对自然世界的阐述，并且“似乎是一种在不同文化之间解释和传播信息的手册”。

遗憾的是，巴克斯在2017年去世，令他的努力过早停止，不过其他人将继续他的工作。

密码分析

多字母替换式密码

维吉尼亚的书将多字母替换式密码的发展向前推动了重要的一步，他提出在加密信息时，可以使用一系列不同的密钥（keys）决定使用方表的哪些行。发出信息的人不再简单地依次循环使用不同的密码字母表，而是按照特定的顺序——例如，如果将单词“cipher”作为密钥，那么以字母c、i、p、h、e和r开头的方表字母行将逐次用于加密信息。

上图： 布莱斯·德·维吉尼亚（1523—1596年），法国外交官和密码编写专家。

若要按照这种方式加密信息，应先将明文写出，并在明文正上方重复书写密钥词。信息的每一个字母都使用以密钥相应字母开头的方表行加密：

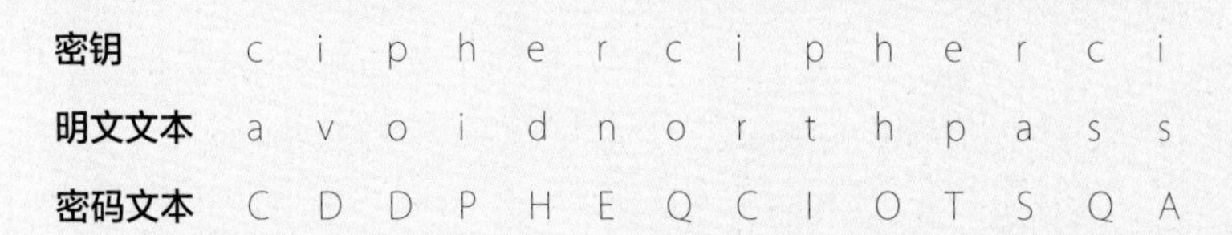

密钥	c	i	p	h	e	r	c	i	p	h	e	r	c	i
明文文本	a	v	o	i	d	n	o	r	t	h	p	a	s	s
密码文本	C	D	D	P	H	E	Q	C	I	O	T	S	Q	A

假设你的明文是“avoiDnorth pass”（“避开北部通道”）。在加密第一个字母a时，你应该使用以a正上方的字母c开头的那一行。

具体做法是，在对页的方表中找到以字母a开头的一列，然后向下移动手指，来到该列与字母c开头的那一行的交叉点。如此得到的密码文本是C。对于这条信息的第二个字母，加密过程完全一样——找到以v开头的一列，向下移动手指，直到抵达以字母i开头的那一行，就得到了密码文本D。

多字母替换式密码无法通过频率分析法的方法简单破解，但是通过清点一段加密文本中字母的频率，你仍然可以得到一些关于密码性质的宝贵线索。发现重复密钥的诀窍是寻找密码文本中的重复字母序列。这个过程费时费力，而且需要破译者善于发挥想象并且拥有几乎无休止的耐性和毅力。

多字母替换式密码

a	b	c	d	e	f	g	h	i	j	k	l	m	n	o	p	q	r	s	t	u	v	w	x	y	z
b	c	d	e	f	g	h	i	j	k	l	m	n	o	p	q	r	s	t	u	v	w	x	y	z	a
C	d	e	f	g	h	i	j	k	l	m	n	o	p	q	r	s	t	u	v	w	x	y	z	a	b
d	e	f	g	h	i	j	k	l	m	n	o	p	q	r	s	t	u	v	w	x	y	z	a	b	c
e	f	g	h	i	j	k	l	m	n	o	p	q	r	s	t	u	v	w	x	y	z	a	b	c	d
f	g	h	i	j	k	l	m	n	o	p	q	r	s	t	u	v	w	x	y	z	a	b	c	d	e
g	h	i	j	k	l	m	n	o	p	q	r	s	t	u	v	w	x	y	z	a	b	c	d	e	f
h	i	j	k	l	m	n	o	p	q	r	s	t	u	v	w	x	y	z	a	b	c	d	e	f	g
i	j	k	l	m	n	o	p	q	r	s	t	u	v	w	x	y	z	a	b	c	**D**	e	f	g	h
j	k	l	m	n	o	p	q	r	s	t	u	v	w	x	y	z	a	b	c	d	e	f	g	h	i
k	l	m	n	o	p	q	r	s	t	u	v	w	x	y	z	a	b	c	d	e	f	g	h	i	j
l	m	n	o	p	q	r	s	t	u	v	w	x	y	z	a	b	c	d	e	f	g	h	i	j	k
m	n	o	p	q	r	s	t	u	v	w	x	y	z	a	b	c	d	e	f	g	h	i	j	k	l
n	o	p	q	r	s	t	u	v	w	x	y	z	a	b	c	d	e	f	g	h	i	j	k	l	m
o	p	q	r	s	t	u	v	w	x	y	z	a	b	c	d	e	f	g	h	i	j	k	l	m	n
p	q	r	s	t	u	v	w	x	y	z	a	b	c	d	e	f	g	h	i	j	k	l	m	n	o
q	r	s	t	u	v	w	x	y	z	a	b	c	d	e	f	g	h	i	j	k	l	m	n	o	p
r	s	t	u	v	w	x	y	z	a	b	c	d	e	f	g	h	i	j	k	l	m	n	o	p	q
s	t	u	v	w	x	y	z	a	b	c	d	e	f	g	h	i	j	k	l	m	n	o	p	q	r
t	u	v	w	x	y	z	a	b	c	d	e	f	g	h	i	j	k	l	m	n	o	p	q	r	s
u	v	w	x	y	z	a	b	c	d	e	f	g	h	i	j	k	l	m	n	o	p	q	r	s	t
v	w	x	y	z	a	b	c	d	e	f	g	h	i	j	k	l	m	n	o	p	q	r	s	t	u
w	x	y	z	a	b	c	d	e	f	g	h	i	j	k	l	m	n	o	p	q	r	s	t	u	v
x	y	z	a	b	c	d	e	f	g	h	i	j	k	l	m	n	o	p	q	r	s	t	u	v	w
y	z	a	b	c	d	e	f	g	h	i	j	k	l	m	n	o	p	q	r	s	t	u	v	w	x
z	a	b	c	d	e	f	g	h	i	j	k	l	m	n	o	p	q	r	s	t	u	v	w	x	y

多字母替换式密码

a	b	c	d	e	f	g	h	i	j	k	l	m	n	o	p	q	r	s	t	u	v	w	x	y	z
b	c	d	e	f	g	h	i	j	k	l	m	n	o	p	q	r	s	t	u	v	w	x	y	z	a
C	d	e	f	g	h	i	j	k	l	m	n	o	p	q	r	s	t	u	v	w	x	y	z	a	b
d	e	f	g	h	i	j	k	l	m	n	o	p	q	r	s	t	u	v	w	x	y	z	a	b	c
e	f	g	h	i	j	k	l	m	n	o	p	q	r	s	t	u	v	w	x	y	z	a	b	c	d
f	g	h	i	j	k	l	m	n	o	p	q	r	s	t	u	v	w	x	y	z	a	b	c	d	e
g	h	i	j	k	l	m	n	o	p	q	r	s	t	u	v	w	x	y	z	a	b	c	d	e	f
h	i	j	k	l	m	n	o	p	q	r	s	t	u	v	w	x	y	z	a	b	c	d	e	f	g
i	j	k	l	m	n	o	p	q	r	s	t	u	v	w	x	y	z	a	b	c	**D**	e	f	g	h

黑室时代

和单套字母密码相比，维吉尼亚密码的破解难度大得多。然而密码历史学家知道，多字母替换式密码数百年来并未得到广泛应用。在绝大多数情况下，命名密码法都是被优先选择的方法，这大概是因为多字母替换式密码虽然安全性高，但是用起来速度缓慢而且容易出现不准确的现象。

实际上，历史上技艺最纯熟的密码编写员之一凭借其构建复杂命名密码法的能力，成就了一段悠久且成功的职业生涯。出生于1600年，他的名字是安托万·罗西尼奥尔（Antoine Rossignol），后来成为法国的首个全职密码破译员，而且史上第一首写给密码破译员的诗就是写给他的——作者是他的朋友，诗人布瓦罗贝尔（Boisrobert）。罗西尼奥尔是路易十三朝廷中的一位核心人物，主要以欧洲最好的密码学专家的身份闻名，不过他还是一位有才华的密码编写员。

上图： 法国国王路易十三，外号公正者（le Juste），1610—1643年在位。

他在1626年首次得到路易十三及其朝廷的注意，当时他迅速破译了一封从信使身上截获的信件，这名信使是被围攻的城市里尔蒙特（Réalmont）派出的。他的破译表明控制这座城市的胡格诺派势力急需补给，正处于屈服的边缘。解码后的信被送还给里尔蒙特的市民，然后他们选择投降，令国王的军队出乎意料地获得了一场轻松的胜利。

这正是路易和他的将军们极为看重的那种技能。随着罗西尼奥尔一次又一次地证明自己的价值，他收获了许多特权和财富。躺在临终病榻上时，路易十三曾对皇后说过，对于国家利益，罗西尼奥尔是最不可或缺的人之一。

这种高度评价帮助罗西尼奥尔在路易十三的继任者太阳王路易十四的朝廷中巩固了自己的地位，这位密码编写专家的财富更是有增无减。

解码父子

实际上，安托万的儿子博纳旺蒂尔（Bonaventure）同样是功成名就的密码编写专家，而且父子两人一起发明了“伟大密码”（great cipher），一种特别难以破解的加强版单套字母密码。这种密码对音节而非单个字母进行替换，而且包含许多圈套，包括一个意为“忽略前面那个密语字组”的密语字组。

伟大密码有时用于加密国王最机密的信息，但是在父子俩死后，这种密码就不再使用，这套系统的准确细节也丢失了。由于破解难度极大，这种密码在后来的许多代人里都没有被破译，这反过来意味着皇家档案中的许多加密通信都是不可读的。

这种状况一直持续到1890年，当时使用伟大密码编写的一系列新字母辗转来到了另一位著名法国密码学专家艾蒂安·巴泽里少校（Étienne Bazeries）的手上，而他花了三年时间艰难地寻找解决方案。最后，当他猜出一段重复出现的数字序列“124-22-125-46-345”代表“les ennemis”（敌人）时，他终于认出了这种密码的性质。从这一点点线索开始，他得以解开整套密码。顺便提一句，历史学家还记得巴泽里是他自己的圆柱形加密设备的发明者，这种设备有20个转子，每个转子有25个字母。法国军方拒绝使用这套系统，但它在1922年被美国军方采纳了。

罗西尼奥尔父子的巨大成功让法国的统治者清醒地认识到，拦截来自敌对势力的加密信息非常重要。在这个父子团队的催促下，法国成立了执行这项任务的最早的公共服务部门之一。18世纪之后，一支名为“黑室”（Cabinet Noir）的法国密码破译团队开始常规地拦截和读取外国外交官的信件。

另外，这种制度化的密码分析机构在18世纪成了整个欧洲的惯例。毫无疑问，它们当中最著名的是在维也纳运转的那个——秘密内阁办公室（Geheime Kabinets-Kanzlei）。

维也纳人的黑室建立于哈布斯堡王朝650年历史上唯一的女性统治者玛丽亚·泰瑞莎女皇（Empress Maria Theresa）在位期间，并以出色的效率闻名。它需要如此高效。在18世纪，维也纳是欧洲的商业和外交中心之一，每天都有大量信件进出这座城市的邮局。黑室充分利用了这一活动。每个要发送到当地大使馆的邮件包首先在早上大约7点被送到黑室，那里的职员会阅读并复制重要部分，重新密封信件，然后在早上9:30之前将它们正常寄出。仅仅只是经过这座城市的邮件也会得到类似的处理——尽管速度更慢一些。

任何加密信息都将接受熟练的分析——维也纳人的黑室对密码分析学徒实施了全面的培养方案，以确保稳定供应受过良好教育的专业人士，让女皇在斗争中时时先人一步。

与此同时，英国也有了自己的制度化密码分析机构——名字起得十分巧妙的"解密分部"（Deciphering Branch）。这个政府机构也成了某种家族生意，主导者是牧师爱德华·威尔（Edward Willes）——后来的圣大卫主教（Bishop of St David's）——和他的儿子们。

威尔家的男人们和他们的伙伴"解密者"会收到邮政局的两个间谍分支保密局（Secret Office）和私密局（Private Office）截获的信件。多亏了他们的工作，英国国王和政府知晓了诞生在法国、奥地利、西班牙、葡萄牙和其他地方的阴谋诡计。例如在七年战争中，英格兰的解密者们从加密信件中提取的信息帮助政府了解到西班牙已经和法国结盟。

但是这种例行拆信并不限于来自海外的消息。政客们很快发现他们自己的通信也被监控了。

19世纪末期，赫伯特·乔伊斯（Herbert Joyce）在他的《邮政局历史》（*The History of the Post Office*）一书中写道，

早至1735年，国会议员就开始抱怨称他们的信带有在邮局被拆开的明显迹象，他们声称这种拆信行为变得频繁起来，而且正在成为众所周知、臭名昭著的问题……人们发现邮政局里有一个私密局，它是一个专门为拆开和检查信件而维持的机构，独立于邮政大臣并直接接受国务大臣的领导。人们曾经假装这些行为局限于外国信件，但事实上，并不存在这种限制……1742年6月，这些可耻的事实通过下议院一个委员会的报告被人们所了解。

整体而言，黑室的熟练工作增加了密码编写员的压力，促使他们使用多字母替换式密码如维吉尼亚密码。这种压力很快就会在技术进步的作用下放大许多倍。随着电气通信时代的降临，一切都将再次改变。

上图： 七年战争期间，法国军队袭击纽芬兰的圣约翰斯（St John's）。通过新成立的“解密分部”，英国人得以在战争期间截获重要信息。

上图：这个故事的戏剧性抓住了剧作家和电影制片人的想象力。

铁面人

几个世纪以来，铁面人的谜团一直令艺术家为之着迷。诗人、小说家和电影导演都曾探究这个在17世纪临终之时被囚禁在法国的无名男子的真实身份。这个故事也启发了密码分析历史上颇为著名的功绩之一。

一切都开始于1689年，当时一名神秘男子被囚禁在巴士底狱。至少从1687年起，他就是法国政府的俘虏，但一直以来，他的脸都被面具遮掩着。似乎没有人知道他是谁，他来自哪里或者所犯何罪；人们只知道这是他的惩罚。

作家和剧作家伏尔泰在他的书《路易十四世》(*Sièclede Louis XIV*）中记录了这个铁面人的故事，他也是最早这么做的人之一。根据他的记录，一个戴面具的男子从埃兰库尔-圣玛格丽特（在此之前囚禁在皮内罗洛的要塞）转移到巴士底狱，最后在1703年以大约60岁的年纪死在狱中。

伏尔泰本人曾在1717年被关在巴士底狱一年。他曾暗示这名男子是路易十四的兄弟——通过指出他与国王同龄，并且与某位名人惊人地相似。大仲马在他的小说中提出了基本相同的观点，这个传说的生命力一直延续至今，尽管技术一流的密码破译家艾蒂安·巴泽里在19世纪挖掘出了一些惊人的证据。当巴泽里通过发现数字密语字组与文本音节相关这一事实破解了路易十四的“伟大密码”时，他突然之间令众多秘密袒露无遗。来自宫廷的许多高级通信可以被破译了。

一天，他破解了一封来自1691年7月的信，信中描述了国王对一位指挥官的极度不满，后者解除了对一座意大利北方城镇的围攻，导致法国军队被击败。这封信下令逮捕造成这次失败的布隆德勋爵维维安·拉比（Vivien Labbé），并指示部队将他送到皮内罗洛要塞。在那里，国王希望他在夜晚被关在要塞的一个囚室，白天则拥有在城垛上行走的自由，但是必须有一个“330 309”。

然而，信件末尾的这两个密语字组（code group）并没有在这封信的其他地方出现——于是布隆德勋爵选择相信它们肯定代表单词“面具”和一个句号。

这封信是不是假线索呢？布隆德勋爵在1703年仍然还活着的记录又是怎么回事？关于铁面人身份的其他猜测还包括博福尔公爵（Duke of Beaufort）和路易十四的私生子韦尔芒杜瓦伯爵（Count of Vermandois）。

巴泽里似乎是过于武断了。也许铁面人的身份在未来一段时间内仍将继续是令人困惑的秘密。

第三章

智慧推动密码学革命

19世纪，有线电报通信系统带来密码学革命，从莫尔斯电码、巴贝奇教授的分析机、普莱费尔密码到《比尔文件》——翻开人类密码及破译历史新篇章。

19世纪中叶，密码学领域迎来了又一次重大动荡。这一回，推动力是一种新型通信技术的诞生，它迫使密码编写员寻求令信息保密的新方法。

1844年，美国发明家塞缪尔·莫尔斯（Samuel Morse）建立了他的第一条电报线，这条线路在马里兰州的巴尔的摩和华盛顿特区之间延伸将近60千米，引发了这场革命。同年5月24日，莫尔斯从华盛顿的联邦最高法院向身在巴尔的摩的助手阿尔弗雷德·韦尔（Alfred Vail）发送了著名的圣经电报——“What hath God wrought”（“上帝创造了何等的奇迹”）。

在最初的莫尔斯电码（Morse code，又译摩尔斯电码）中，这条消息将会以下列形式传输：

·-- ···· ·- -　···· ·- - ····　--· --- -··　·-- ·-· --- ··- --· ···· -

通过发送这条消息，莫尔斯向世界证明了长途电信通信是可能的，并迅速启动了一场将对社会产生巨大影响的革命。

对页图： 塞缪尔·莫尔斯（1791—1972年），莫尔斯电码的发明者。

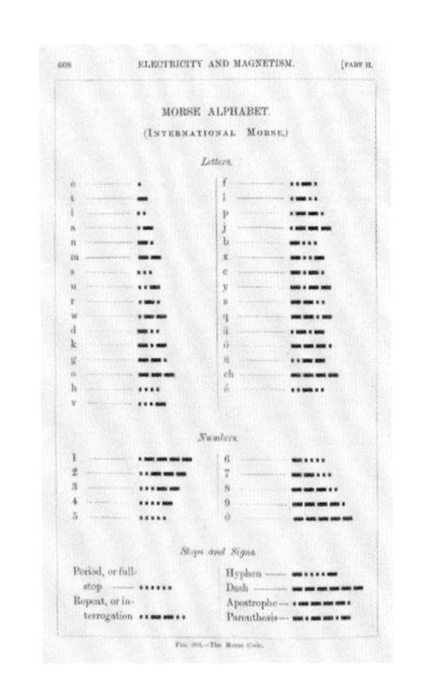
608 ELECTRICITY AND MAGNETISM. [PART II.

MORSE ALPHABET.
(INTERNATIONAL MORSE.)

Letters.

e t i a n m s u r w d k g o h v
f l p j b x c y z q ä ö ü ch é

Numbers.

1 2 3 4 5
6 7 8 9 0

Stops and Signs.

Period, or full-stop
Repeat, or interrogation
Hyphen
Dash
Apostrophe
Parenthesis

上图： 莫尔斯电码字母表，摘自阿梅迪·吉耶曼（Amedee Guillemin）的《电与磁》（*Electricity and Magnetism*，1891年）。

右图： 使用早期莫尔斯电报机发送消息（约1845年）。

不久之后，商人开始使用这种技术进行几乎即时的交易，报纸利用它的速度更快地搜集新闻，政府各部门也将其用于国内外交流沟通。短短几十年之内，一张电报线网络已经横跨海洋，连接起地球上的所有大陆，令世界性的瞬时通信成为现实。

尽管速度如此之快，电报还是有一个缺点，那就是十分缺乏安全性。莫尔斯发明了一套在他的电报系统中使用长短脉冲发送信息的系统，称为莫尔斯电码，但是这套系统的编码簿是公开的，因此对于保密毫无用处。

1853年，英国出版物《四季评论》（*Quarterly Review*）中的一篇文章阐述了这个问题：

> “还应当采取措施消除使用电报发送私人通信时的一项重大缺陷，这项缺陷是对所有秘密的侵犯，因为在任何情况下，一个人写给另一个人的每个字都会被六个人知晓。”

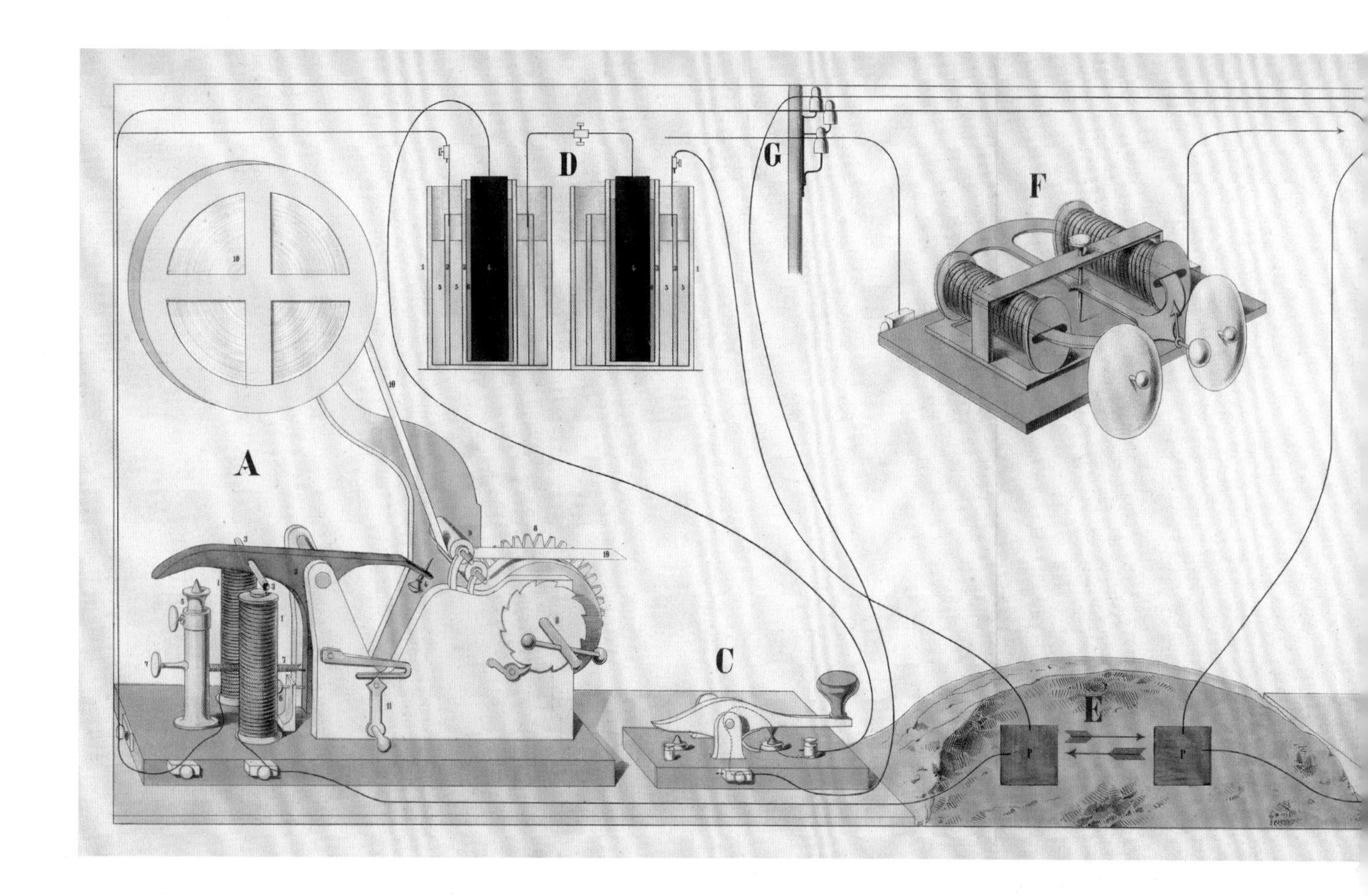

上图：莫尔斯电报机（约1882年）。A是转发端；C是产生分隔符的“钥匙”；F是发声系统。

问题在于，电报文员必须先阅读消息才能传输它。对这个问题的意识激励数十人构思他们自己所谓的“牢不可破的”密码。明文信息先使用某种方法进行加密，接着变形后的文本再被无法知晓信息真实含义的电报操作员转换成莫尔斯电码的点和划。为了满足这种需求，数十种私人密码系统很快就被开发出来，其中有许多是业余爱好者开发的。

军方也采纳了新技术。对于战术信息，编码法或命名密码法被舍弃了，因为将它们重发给数十座电报站的难度太大了。很快，重要的军事信息开始使用老式的多套字母维吉尼亚密码加密，当时这种密码被称为“牢不可破”的难懂之物。

因此，电报被认为成就了密码学的革命。它不仅让加密信息能够立刻传送数千千米，还在编码法和命名密码法占主导地位的450年之后保证了这种被忽视的密码技术的重新流行。

风流韵事和文学密码

电报促使将军、外交官和商人使用密码学技术，以确保其电文的保密性。但是对密码学的新兴趣并不局限于国家或商贸大事。

大约同一时期，普通男女也变得更适应密码的概念，并且会使用加密术确保自己的私人消息只会被他们预期的收信人读懂。

维多利亚时代末期的年轻情人会在报纸的私人广告栏（称为“痛苦专栏”，因为它们的作者在忍受着多情之苦）刊登加密信息，他们用这种方式表达自己的爱意并避开父母和其他人不赞许的目光。这些受苦的浪漫主义者使用的密码和编码通常相当简单，业余密码学爱好者把破解这些加密信息当作一场游戏，揭露出它们暧昧的内容。

例如，英国皇家学会会员查尔斯·惠特斯通（Charles Wheatstone）和首任圣安德鲁斯普莱费尔男爵莱昂·普莱费尔（Lyon Playfair）都是著名密码破译专家，他们都喜欢将破解这些信息当作周日午后的消遣。一起走过伦敦的哈默史密斯桥时，这两位友人——都是矮个子且戴眼镜——会浏览伦敦《泰晤士报》（*The Times*）上的个人广告栏。

有一次，惠特斯通和普莱费尔解开了某个牛津大学的学生与他的甜心之间的通信。当这名学生提出私奔时，惠特斯通决定插手其中，使用这对情侣的密码在报纸上登了一份广告，敦促他们放弃这个莽撞的计划。很快报上就刊出了又一条消息：亲爱的查理，别再写了，咱们的密码被发现了！

公众对密码学日益增长的兴趣还延伸到了文学领域。19世纪的几位最著名的作家将密码学技术融入了他们的小说里。例如，威廉·梅克皮斯·萨克雷（William Makepeace Thackeray）在他1852年的作品《亨利·埃斯蒙德》（*The History of Henry Osmond*）中使用了隐写术。他使用的具体技术称为卡尔达诺格栅（Cardano grille），是一位16世纪的意大利医生发明的。这种技术需要在一张硬纸片或纸板上挖出几个高度与一行文字相等的长方形。

在使用卡尔达诺格栅加密信息时，先将带槽的纸板放在一张白纸上，然后写下密码文本。然后拿走格栅，在页面的其余部分填充看起

来无伤大雅的文本。要想揭示信息，需要将同样形状的格栅放在纸上，露出隐藏的信息。像这样的设备直到二战期间还有使用。

上图： 吉罗拉莫·卡尔达诺（Girolamo Cardano，1501—1576年），意大利数学家和学者，卡尔达诺格栅的发明者。

独具匠心的巴贝奇教授

查尔斯·巴贝奇（Charles Babbage）无疑是19世纪涉足密码学领域的所有人物当中最令人着迷的。

身为一名古怪的英格兰人，巴贝奇拥有杰出的头脑。他不仅以标准邮资发明者的身份被人铭记，编制了第一批可靠的精算表，而且还发明了一种速度计，并发现树木年轮的宽度取决于那一年的气候。

但他最著名的身份是机械计算的奠基人之一。在自传中，他回想起1812年坐在剑桥大学分析学会的房间里做白日梦，梦到一张摊开在他面前的对数表。“一个学会成员走进房间，看见我半睡半醒的样子，就喊了一声，‘喂，巴贝奇，你在做什么白日梦呢？’我答道，‘我在想所有这些表（指向对数），它们也许能用机器计算’。”

19世纪20年代初，他已经构想出了一个计划，以建造可以高精度计算此类表格的机器。他将这种机器称为“差分机”（difference Engine），并估计它需要25000个零件，总重量达15吨。但是尽管从政府那里得到了大约1.7万英镑的资助，还将自己的数千英镑投入这个项目，但它却从未被建造完成。

大约在建造差分机的工作停止的时候，巴贝奇提出了一个更杰出的概念——“分析机”（Analytical Engine），它能够解决一系列不同的问题。他一直在为这个可编程计算机的先驱完善概念，直到1871年去世。

巴贝奇出生于1792年，而他对数学的痴迷似乎早在多病的童年时代就已出现。他还很早就对密码分析产生了兴趣，后来他回忆，这种癖好有时会激起年长同学充满暴力的不满情绪。“那些块头更大的男孩做出密码，但是如果让我知道几个词，我通常就能找出密钥，”他写道，“这种机灵的后果偶尔令人痛苦，被破解密码的主人有时会揍我，尽管过错全在于他们自己的愚蠢。”

不过，这种殴打并未驱散他对这个领域的兴趣，而且长大成人之后，他似乎成了一名社会密码分析员。例如，在1850年，他解决了英国国王查理一世的妻子亨丽埃塔·玛丽亚（Henrietta Maria）的密码，并通过破解英格兰第一位皇家天文学家约翰·佛兰斯蒂德（John Flamsteed）以速记法书写的一张便笺帮助了一位传记作家。1854年，一位大律师请求他帮助破译一些加密信件，以提供一桩案子需要的证据。

和同时代的惠特斯通及普莱费尔一样，巴贝奇也喜欢破解报纸痛苦专栏中的加密公告，但他的兴趣远不只是破解简单的密码。

上图： 1834年的分析机。

实际上，现在已经知道他能够破译据说牢不可破的多字母替换式密码。

然而，巴贝奇的巨大成就直到现代才得到充分的认识。就像他构思的许多概念一样，他的密码破译工作大部分都没有发表。有人认为在英国情报部门的坚持下，这项工作是保密的，英国情报部门要用它来破解军事敌对势力的通信。

在与此同时的普鲁士，一位名叫弗里德里希·卡西斯基（Friedrich Kasiski）的退休军官正在研究他自己的使用重复密钥破解多字母替换式密码的技术。

1863年，卡西斯基出版了一本简短但极其重要的密码学图书，书名是《秘密书写和解密的艺术》(*Die Geheimschriften und died echiffrierkunst*)，书中概述了困扰密码学专家数百年的各种密码类型的一般解决方法。卡西斯基的这本95页的书建议面对疑似多字母替换式密码的密码学专家“计算重复符号之间的距离……并尝试将该数字分解因数……最常被发现的因数很可能是密钥的字母个数”。

密码分析

自动密钥密码1

巴贝奇现在还被认为是对维吉尼亚令人敬畏的自动密钥密码（autokey cipher）提出首个解决方案的人。在这种密码中，明文信息会被融入密钥。在使用自动密钥书写信息时，你可以用一个简短的密钥词开始密钥，然后在后面接上你的信息。这种系统的好处是，信息的发送者和接收者都只需要知道简短的开头密钥词，而且它避免了使用重复密钥词的密码拥有的缺点。

假设你想发送这样一条消息begin the attack at dawn（“在黎明开始进攻”），并决定密钥词是rosemary（“迷迭香”）。那么密钥就会变成rosemarybegintheattackatdawn。和使用维吉尼亚方表的其他加密方式一样，最上面的一行用于定位明文字母。沿着以明文字母开头的那一列向下移动手指，直到抵达以密钥字母开头的那一行。

对于密钥r和明文b，密码文本是S，它出现在r行和b列的交叉点。

加密过程的开始将会是这样：

密钥	r o s e m a r y	b e g i n	t h e	a t t a
明文文本	b e g i n t h e	a t t a c	k a t	d a w n
密码文本	S S Y M Z T Y C	B X Z I P	D H X	D T P N

这样得到的密码文本是SSYMZTYCBXZIPDHXDTPN。

对于信息的预期收信人（或者任何知道密钥词rosemary的人），解密这条信息是个直截了当的过程。首先，解密使用单词rosemary加密的明文字母。具体做法是找到密文字母在以相应密钥词字母为首的那一行当中的位置。例如对于第一个字母，在以r开头的那一行中找到字母S。向上查找该列的首字母，它就是明文字母——在这里它是b。

解开密码文本中与rosemary相对应的部分之后，你将得到信息的前一部分begin the。现在，你将使用这8个字母作为密钥，破解接下来的8个密码文本字母。继续重复这一过程，直到信息全部解开。

弄清楚密钥的长度是解密的关键步骤，因为这让密码分析员能够将密码文本排列在与密钥字母数量相同的列中。

这些列当中的每一列都可以视为单套字母密码的密码文本。此前你还在试图破译一段使用未知数量的不同密码字母表加密的信息，突然之间，你就知道了密码文本中的哪些字母是使用相同的密码字母表加密的。通过将这些字母聚在一起，你可以对它们进行频率分析法和用于破解单套字母密码的其他技巧。这一程序被称为卡西斯基检测（Kasiski examination）。

以下面这段密码文本为例。它摘自一本美国军方的密码野战手册：

FNPDM GJRMF FTFFZ IQKTC LGHAS EOSIM PVLZF LJEWU WTEAH EOZUA NBHNJ SXFFT JNRGR KOEXP GZSEY XHNFS EZAGU EORHZ XOMRH ZBLTF BYQDTDAKEI LKSIP UYKSX BTERQ QTWPI SAOSF TQKTS QLZVE EYVAW JSNFB IFNEI OZJNR RFSPR TWHNJ ROJSI UOCZB GQPLI STUAE KSSQT EFXUJ NFGKO UHLZF HPRYV TUSCP JDJSE BLSYU IXDSJ JAEVF KJNQF FIFMP EHYQD

第一步是寻找重复出现的字母序列，最好拥有3个或更多字母。它们在上面的文本中以下划线的方式标注。接下来，分析这些重复序列之间的距离：从首个序列的第一个字母开始，数到该序列再次出现之前的字母。

接下来，你需要将这些距离分解成可能的因数。

重复出现的序列	**距离（以字符数计）**	**可能因数**
FFT	48	3, 4, 6, 8, 12
QKT	120	3, 4, 5, 6, 8, 10, 12
LZF	180	3, 4, 6, 10, 12, 15
HNJ	12	3, 4, 5, 6, 8, 10, 12
JNR	102	3, 6
RHZ	6	3, 6

密码分析

自动密钥密码2

对于所有重复序列，全都出现了的因数只有3和6，所以下一步是将密码文本以3列和6列的形式重新写出。每一列文本都被认为是使用同一套密码字母表加密的。在这里，我们见到密码文本以6列的形式重新写出：

1	2	3	4	5	6
F	N	P	D	M	G
J	R	M	F	F	T
F	F	Z	I	Q	K
T	C	L	G	H	A
S	E	O	S	I	M
P	V	L	Z	F	L
J	E	W	U	W	T
E	A	H	E	O	Z
U	A	N	B	H	N
J	S	X	F	F	T
J	N	R	G	R	K
O	E	X	P	G	Z
S	E	Y	X	H	N
F	S	E	Z	A	G
U	E	O	R	H	Z
X	O	M	R	H	Z
B	L	T	F	B	Y
Q	D	T	D	A	K
E	I	L	K	S	I
P	U	Y	K	S	X
B	T	E	R	Q	Q
T	W	P	I	S	A
O	S	F	T	Q	K
T	S	Q	L	Z	V
E	E	Y	V	A	W
J	S	N	F	B	I
F	N	E	I	O	Z
J	N	R	R	F	S
P	R	T	W	H	N
J	R	O	J	S	I
U	O	C	Z	B	G
Q	P	L	I	S	T
U	A	E	K	S	S
Q	T	E	F	X	U
J	N	F	G	K	O
U	H	L	Z	F	H
P	R	Y	V	T	U
S	C	P	J	D	J
S	E	B	L	S	Y
U	I	X	D	S	J
J	A	E	V	F	K
J	N	Q	F	F	I
F	M	P	E	H	Y
Q	D				

对于所有重复序列，全都出现了的因数只有3和6，所以下一步是将密码文本以3列和6列的形式重新写出。每一列文本都被认为是使用同一套密码字母表加密的。在这里，我们见到密码文本以6列的形式重新写出：

A B C D E F G H I J K L M N O P Q R S T U V W X Y Z

在密码分析员眼中，这种频率分布包含一些线索。最常见的字母J也许取代了e？另一方面，在OPQ和STU的位置上出现了明显的高频现象，所以它们也许代表nop和rst——这两个集团的高频率在英语明文中是正常分布模式的一部分。如果是这样的话，密码文本B将代表明文文本a，以此类推。

在对第二列进行这个过程时，你会得到不一样的模式：

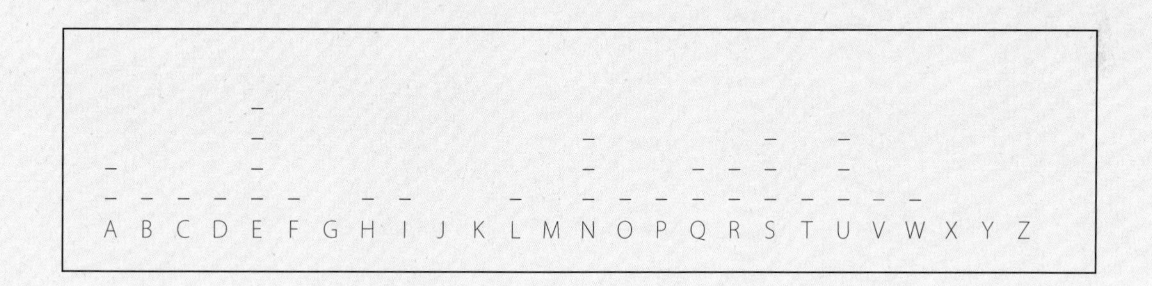

这种模式与正常的字母频率高度相似。也许在这些字母中，明文文本和密文文本是一样的？一旦开始猜测密码文本中每个字母执行的加密方式，你就可以开始将字母替换回去，看看它们能否说得通。

到目前为止，我们有理由怀疑第一列的字母进行了1位挪移，而第2列的字母没有任何变化。

密码分析

自动密钥密码3

如果我们通过计算猜测，第5行字母进行了14位的挪移，那么一些单词碎片就会开始出现。例如，开头的几个字母是en_ _y，这可能是单词enemy（“敌人”）的一部分。

如果明文文本的第一个单词真的是enemy，那就意味着文本的第3列挪移了11位（从e到P），第4列挪移了17位（从m到D）。我们可以通过对密码文本接下来的一些字母进行还原，检测一下这些猜测是否正确。这会让我们得到这样一段有残缺的明文文本enemy_irbor_ eforc_（见下表），这似乎是短语enemy airborne force（“敌方空降部队”）的一部分。这反过来说明第6列的第一个明文文本可能是a，挪移了6位变成了G。使用这种方法，可以一步步地拼凑出解决方案。

到目前为止，我们的猜测表明这段文本可能是用以BALROG为密钥词的维吉尼亚密码加密的。现在我们可以使用方表来加速解密过程（见下表）。

1	2	3	4	5	6
e F	n N	 P	 D	y M	 G
i J	r R	 M	 F	r F	 T
e F	f F	 Z	c I	 Q	 K
s T	c C	 L	t G	 H	 A
r S	e E	 O	 S	u I	 M
o P	v V	 L	r Z	 F	 L
l J	e E	i W	 U	i W	 T
d E	a A	 H	 E	a O	 Z
t U	a A	 N	t B	 H	 N
l J	s S	 X	r F	 F	 T
l J	n N	 R	d G	 R	 K
n O	e E	 X	s P	 G	 Z
r S	e E	 Y	t X	 H	 N
e F	s S	 E	m Z	 A	 G

用于加密信息的6套不同的字母表已经写出，每套字母表以密钥词的相关字母开头。对于信息的第一个字母，使用第一套字母表。沿着这一行找到字母F，然后向上找到这一列顶端的明文字母，在这里是e。继续这个过程，向下移动到第2套字母表，解开密码文本的第2个字母，再用第3套字母表解开第3个字母，以此类推。对于第7个字母，返回字母表1：

	a	b	c	d	e	f	g	h	i	j	k	l	m	n	o	p	q	r	s	t	u	v	w	x	y	z
1	B	C	D	E	F	G	H	I	J	K	L	M	N	O	P	Q	R	S	T	U	V	W	X	Y	Z	A
2	A	B	C	D	E	F	G	H	I	J	K	L	M	N	O	P	Q	R	S	T	U	V	W	X	Y	Z
3	L	M	N	O	P	Q	R	S	T	U	V	W	X	Y	Z	A	B	C	D	E	F	G	H	I	J	K
4	R	S	T	U	V	W	X	Y	Z	A	B	C	D	E	F	G	H	I	J	K	L	M	N	O	P	Q
5	O	P	Q	R	S	T	U	V	W	X	Y	Z	A	B	C	D	E	F	G	H	I	J	K	L	M	N
6	G	H	I	J	K	L	M	N	O	P	Q	R	S	T	U	V	W	X	Y	Z	A	B	C	D	E	F

因此，解密后的完整明文文本如下：

enemy airborne forces captured bugov airfield in dawn attack this morning pd enemy strength estimated at two battalions pd immediate counter attacks were unsuccessful pd enemy is concentrating armor in third sector in apparent attempt to join up with airborne forces pd request immediate reinforcements pd.

中文大意：敌方空降部队在今天黎明的袭击中占领了布戈夫机场。敌方兵力据估计有两个营。立即发起的反击未能成功。敌方正在第三区集结装甲部队，显然是试图与空降部队集合。请求立即支援。

这个例子中的“pd”代表句号（period），是一句话结束的标记。

普莱费尔密码

1854年初，苏格兰科学家兼议员莱昂·普莱费尔出席了由理事会主席格兰维尔勋爵（Lord Granville）安排的上流社会晚宴。席间，普莱菲尔向其他宾客介绍了一种新型密码，这是他的朋友查尔斯·惠特斯通为确保电报通信的安全设计的。

这套密码首次使用了二合字母（digraph）来进行替换，其中的字母是每两个一起替换而不是单个替换的。

要使用这种密码，首先要选择一个信息的发送者和接受者都知道的密钥词——例如square（"方阵"）。在一个5×5的方框中先写出密钥（省略可能存在的重复字母），再按照顺序写出字母表的其余字母，并将I和J合并在一个单元格里：

S	Q	U	A	R
E	B	C	D	F
G	H	IJ	K	L
M	N	O	P	T
V	W	X	Y	Z

在加密信息时，先将明文文本分为成对字母。对于任何双字母，需要用一个x从中间分开，并为最后一个单字母增加一个x，凑成一个二合字母。于是common（"普通的"）这个单词将会变成co mx mo nx。

将字母分割成对之后，由两个字母构成的每个二合字母都可归入下面三类之一：两个字母都位于同一行；都位于同一列；既不位于同一行，也不位于同一列。

若两个字位于同一行，则使用方框中它们的右侧字母代替——于是np会变成ot。每一行视为一个循环，所以方框中r右边的字母是S。

位于同一列的字母按照相同的方法，使用它们下面的字母代替。

至于既不位于同一行也不位于同一列的两个明文字母，每个字母使用与其同行且与另一字母同列的字母代替。于是，ep就会变成DM。

要想破解像普莱费尔密码这样的二合字母替换式密码，一种方法是在密码文本中寻找最常见的二合字母，并假定它们代表明文文本疑似使用语言中出现最频繁的二合字母。在英语中，它们是th、he、an、in、er、re和es。

另一个技巧是在密码文本中寻找反向二合字母，例如BF和FB。在使用普莱费尔密码加密的文本中，它们在明文文本中总是会解密成相同的字母模式，例如DE和ED。

上图： 莱昂·普莱费尔，圣安德鲁斯男爵（1818—1898年）。

通过在密码文本中寻找临近的反向二合字母并将这种模式与含有该模式的已知明文单词——如REvERsed（“相反的”）或DEfeatEd（“被击败的”）——进行对比，密码分析员也许能够以此为起点，成功地找出密钥。

惠特斯通和普莱费尔曾向外交部副部长推荐了这种密码，但他认为这套系统太复杂了。惠特斯通反驳说他只需要15分钟，而且他能够在距离最近的小学里让四分之三的男孩子学会这种技术。“那是很有可能的，”副部长答道，“但是你永远也不可能让使馆随员学会。”

尽管一开始遭到怀疑，这种密码最终还是被英国陆军部（War Office）采用了。虽然它是惠特斯通发明的，但这种密码却始终冠以说服英国政府采纳它的人普莱费尔之名。

美国内战中的密码

1861年4月12日，南部联盟的P. G. T. 博勒加德将军（P. G. T. Beauregard）向南卡罗来纳州查尔斯顿市的萨姆特要塞（Fort Sumter）发起进攻，开启了美国内战的序幕。不久之后，受召上任的俄亥俄州州长对36岁的电报报务员安森·施塔格（Anson Stager）委以重任。

州长知道战争的爆发令安全的电报通信至关重要，所以他对施塔格提出了两个要求：开发一套让州长能够通过电报与伊利诺伊州和印第

下图：美国内战中使用的编码簿。

安纳州州长安全通信的系统，以及掌握对俄亥俄州军事区电报线路的控制权。

施塔格是良好的人选。塞缪尔·莫尔斯在1844年发明电报时，他才19岁。当时他在给纽约州罗契斯特市（Rochester）的亨利·奥莱利（Henry O’Reilly）当学徒印刷工，并希望能够在印刷行业工作；然而在1846年，他转而从事电报工作。

奥莱利在宾夕法尼亚州建造了一条电报线，施塔格成了其中一个电报站的负责人。随着奥莱利电报线路的扩张，施塔格的责任也越来越大。他搬到俄亥俄州负责管理那里的电报线，并最终担任1856年新成立的西联电报公司（Western Union Telegraph）的首任总监。

应州长之请，施塔格开发了一种简单有效的密码系统。很快，关于其种种优点的消息传到了联邦军队少将乔治·B. 麦克莱伦（George B. Mcclellan）耳中，他随后要求施塔格按照同样的思路提出一种军事密码。

在很短的时间里，施塔格的密码在联邦军队获得了广泛认可，而它的简洁性和可靠性意味着它是内战期间使用最广泛的密码。从本质上讲，它的基础是单词换位，即重新排列一段信息中单词的顺序。信息的明文文本成行写出，然后按列记下单词。因为使用的是普通单词而不是不可逻辑的字母组合，所以它较不容易出错。

随着战争的进展，施塔格和联邦军队密码操作员们一共开发了联邦军路径密码（Union route cipher）的10种变体，它们使用不同的密码字系统取代信息中的单词，并且选择不同路径在成列文本中上下穿梭。

密码分析

换位式密码

这里列出了该系统如何发挥作用的例子，使用的是亚伯拉罕·林肯在1863年年中发送的一条信息。这条信息的明文文本如下：

For Colonel Ludlow.

Richardson and Brown, correspondents of the Tribune, captured at Vicksburg, ared etained at Richmond. Please ascertain why they ared etained and get them off if you can. The President. 4:30 p.m.

中文大意如下：

“致勒德洛上校（Colonel Ludlow），

在维克斯堡被捕的《论坛报》(*Tribune*）记者理查德森（Richardson）和布朗（Brown）现被扣在里士满。请查明他们为何被拘留并释放他们，如果可以的话。总统，下午4点30分。”

当时使用的编码系统用VENUS（“维纳斯”）代替colonel（“上校”），WAYLAND（“韦兰”）代替captured（“被捕的”），ODOR（“气味”）代替Vicksburg（“维克斯堡”），NEPTUNE（“海神”）代替Richmond（“里士满”），ADAM（“亚当”）代替President（“总统”），NELLY（“奈利”）代替4:30 p.m.（“下午4点30分”）。

替换这些单词后，原信息就变成了这样：

For VENUS Ludlow

Richardson and Brown, Correspondents of the Tribune, WAYLAND at ODOR, are detained at NEPTUNE. Please ascertain why they are detained and get them off if you can. ADAM, NELLY

在加密这条信息时，密码操作员需要选择一条路径（route）。在这个例子里，他选择的路径是GUARD（“卫兵”），它要求该信息写成7行5列，并使用“空值”(nulls）即无意义的单词补全这个矩形框。在这张表格中，明文信息的单词首字母大写，而密码字全部大写：

For	VENUS	Ludlow	Richardson	And
Brown	Correspondents	Of	The	Tribune
Wayland	At	ODOR	Are	Detained
At	NEPTUNE	Please	Ascertain	Why
They	Are	Detained	AnD	Get
Them	Off	If	You	Can
ADAM	NELLY	THIS	FILLS	UP

密码文本的第一个单词是使用的路径，然后是加密方框第1列从下到上，第2列从上到下，第5列从下到上，第4列从上到下，最后是第3列从下到上。为了进一步增加安全性，还要在每一列的末尾增加一个无意义的“空值”单词：

GUARDADAM THEM THEY AT WAYLANDBROWN FOR	KISSING
VENUS CORRESPONDENTS AT NEPTUNE ARE OFF NELLY	TURNING
UP CAN GET WHYDETAINEDTRIBUNE AND	TIMES
RICHARDSON THE ARE ASCERTAIN ANDYOU FILLS	BELLY
THIS IFDETAINEDPLEASE ODOR OF LUDLOW	COMMISSIONER

于是这条信息最终变成了：

GUARDADAM THEM THEY AT WAYLANDBROWN FOR KISSING VENUS CORRESPONDENTS AT NEPTUNE ARE OFF NELLY TURNING UP CAN GET WHYDETAINEDTRIBUNE ANDTIMES RICHARDSON THE ARE ASCERTAIN ANDYOU FILLS BELLY THIS IFDETAINEDPLEASE ODOR OF LUDLOW COMMISSIONER

在20世纪，美国密码学巨擘威廉·弗里德曼（William Friedman）曾批评联邦军队采用的这套系统不够复杂。但是事实证明它非常有效，南部同盟军（邦联军）从未破解过联邦军队的加密信息。

然而南部联盟从未在安全性上达到过同样的水平。叛乱分子常常使用维吉尼亚密码，但是传输错误造成了无休无止的麻烦。南部联盟通信的安全性还受到在毗邻白宫的战争部大楼工作的三名年轻密码操作员的威胁。这三个人——大卫·荷马·贝茨（David Homer Bates）、查尔斯·A. 廷克（Charles A. Tinker）和阿尔伯特·B. 钱德勒（Albert B. Chandler）——渐渐习惯了看到林肯穿过草坪朝他们的办公室走来，然后走进房间翻阅特别准备的消息复写副本。

在战争期间，这三名才刚刚成年的青年才俊破解了南部联盟的数个密码文件，包括叛乱分子之间密谋印刷债券和现金供南部联盟使用的信件。

强大的柯克霍夫斯

在南部联盟努力破解联邦军队密码时，有一个人或许能够帮得上大忙，他就是奥古斯特·柯克霍夫（Auguste Kerckhoffs），美国内战期间生活在巴黎城外大约40千米（约25英里）的法国城镇默伦（Melun）的一名教师。

柯克霍夫是一位技能娴熟的语言学家，并且拥有广泛的兴趣。在高中和大学做了许多年的教学工作后，他在1883年写了一本对法国国内外密码学产生了巨大影响的书。

柯克霍夫的书《军用密码学》(*La cryptographie Militaire*）最开始是发表在《法国军事科学杂志》(*French Journal of Military Science*）上的两篇文章。在这两篇文章中，他以批判的眼光审视了当时密码学的状态，并敦促法国人改进做事方式。他尤其关心的是，找到一种针对那个时代密码学主要问题的解决方案，即找到一种使用起来足够简单并适合通过电报使用的保密系统。

在第一篇文章中，他列出了一共6条格言，它们至今仍是野战密码开发者必须参照的基准。在柯克霍夫看来，对军用密码的要求可以精简为下面6条：

1 该系统必须是基本上无法破解的，最好是从数学上无法破解的；

2 该系统一定不需要保密，可以被敌方窃取而不引起麻烦；

3 必须易于沟通和记住密钥，无须书面记录；对于不同人员，必须容易改变或修改密钥；

4 该系统应该与电报通信相容；

5 该系统必须便携，而且使用它所需要的人员决不能超过一个；

6 该系统必须容易使用，而且使用者既不需要精神紧张，也不需要知道一长串规则。

在这6条规则中，最著名的是第2条。它意味着对于一个加密系统而言，即使关于它的一切信息（密钥除外）都是公开的，该系统也应该是安全的。密码学家将它称为柯克霍夫原则（Kerckhoffs’ law）。

柯克霍夫的书还包括密码分析学的重要进展。著名密码学历史学家大卫·卡恩说，柯克霍夫的书确立了“密码分析的考验是对军用密码的唯一真正试炼”——这一原则适用至今。

这本书的出版无疑对他当时的密码学也产生了重大影响。由于政府采购了数百本，它得到了广泛阅读，并在整个法国激发了一场密码复兴。而且在第一次世界大战即将爆发之前，法国在密码学方面的优势将被证明是无价的。

隐藏的宝藏，隐藏的含义——《比尔文件》

对于许多在19世纪迷上密码学的人来说，光是破解密码的喜悦和满足感就能为他们的努力带来足够的回报。但是如果这还不太能令人满意的话，也许价值3000万美元的深埋宝藏是更大的激励。在名为《比尔文件》(*The Beale Papers*）的密码学幻想中，正是这样一罐财宝在尽头等待着成功破解它的人。这个神秘故事出现于1885年，当时有一位名叫J. B. 沃德（J B Ward）的男子开始售卖这样一本小册子，它讲的是藏在弗吉尼亚州的一处宝藏。沃德的小册子讲述了一个叫托马斯·杰斐逊·比尔（Thomas Jefferson Beale）的人以及据说由他留在美国弗吉尼亚州林奇堡市(Lynchburg）华盛顿酒店的一段加密信息。

小册子说，比尔在1820年1月首次来到这家酒店，这个冬天一直住在这里，并引起了酒店老板罗伯特·莫里斯（Robert Morriss）的注意，莫里斯认为他“是我见过的最英俊的男人”。他在3月份突然离开，两年后才回来并再次在林奇堡市度过了余下的冬天。这一次，在离开之前，他将一个上锁的铁盒交给莫里斯保管，并且说里面装有“非常宝贵和重要的文件”。

小册子解释，莫里斯忠诚地守护了这个铁盒长达23年之久，直到1845年才终于将它打开。里面的笔记描述了比尔和其他29人在1817年4月横跨美国的旅程，他们穿越西部大平原抵达圣菲，再掉头北上。根据笔记所言，这群人在一条小河谷里撞了大运——“在岩石的一条裂缝里发现了大量黄金”。

他们决定首先将一部分沉重的黄金换成珠宝，然后将这笔财富隐藏在弗吉尼亚州的一个秘密地点。正是这个任务让比尔在1820年来到林奇堡市。很显然，第二次造访林奇堡是因为这群人担心万一发生意外，这笔财宝无法被他们的亲属找到。

比尔的工作是找到一个靠得住的人，一旦他们突然去世，能够绝对信任此人实现他们的愿望，而他选择了莫里斯。在读完笔记之后，莫里斯感觉有义务将笔记交给这些人的亲属，但是他茫然无措——对宝藏的描述、它的位置以及亲属的名字都被加密成了三张看上去毫无意义的数字。据说笔记中提到这些密码文本的密钥将由第三方邮寄过来。但它从未抵达莫里斯手中。

据小册子的描述，这个故事后来的发展是，在1862年即将去世时，莫里斯将这个秘密吐露给了自己的一个朋友，也就是沃德本人。他在解密三张加密数字中的第二张时凭直觉取得了惊人的突破。根据他的猜测，这段

IN CONGRESS, JULY 4, 1776.

The unanimous Declaration of the thirteen united States of America,

上图：《独立宣言》。

序列中的数字很显然对应《独立宣言》中的单词。于是，数字73代表《独立宣言》的第73个词——“hold”（“持有”），以此类推。

继续这个过程，沃德揭露了来自比尔的下面这条信息：

> *I have deposited in the county of Bedford, about four miles from Buford's, in an excavation or vault, six feet below the surface of the ground, the following articles: ... The deposit consists of two thousand nine hundred and twenty one pounds of gold and five thousand one hundred pounds of silver; also jewels, obtained in St Louis in exchange for silver to save transportation ... The above is securely packed in iron pots, with iron covers. The vault is roughly lined with stone, and the vessels rest on solid stone, and are covered with others ...*
>
> 中文大意：在贝德福德郡（Bedford）距离布福德酒馆6.4千米（约4英里）处，我将下列物品放置在一个距离地面1.8米（约6英尺）的掘坑或地窖中：……存放的物品包括1324千克（约2921磅）黄金和2313千克（约5100磅）白银；此外还有为了便于运输在圣路易斯用白银换来的珠宝……上述物品安全地保存在有铁盖的铁罐内。地窖的内壁粗糙地衬着石头，容器放置在坚固的岩石上，层层叠叠……

遗憾的是，使用《独立宣言》作为密钥却没能破解另外两份比尔密码，沃德在他的小册子里写道。

一代又一代密码破译专家也都没能解开《比尔文件》的秘密——包括美国在密码分析领域的一些最优秀的头脑。持怀疑态度的人毫不犹豫地宣称这个小册子是一场骗局，但是在有些人眼中，巨大的财富加上一项持续时间如此之久、挫败了那么多人的密码挑战，这样的诱惑实在难以抗拒。

第四章

密码战争之毅力的较量

在两次世界大战中，盟军以坚韧的毅力破解了恩尼格玛密码和其他战时密码。从齐默尔曼电报、ADFGX密码、冷战密码、维诺那密码到纳瓦霍密语者——展现军事谍报战的巅峰对决。

历史的潮流，特别是在战争时期，可能取决于密码破解的成败。未被破解的密码可以成为任何国家的军火库中最强大的武器之一。军事首脑可以向他们的前线部队发送信息，确信自己的战略不在对手的预期之内。一旦被破解，密码就会危害其主人。如果你的敌人能够读懂你最秘密的消息，然而你却不知道你的加密方式已经暴露，那么它们就能毁掉你最精心制定的军事计划。

这意味着在大多数最近的战争中，密码学家和密码分析员在一场非常真实的斗争中针锋相对，而战争的走势在很大程度上取决于他们哪一方占得优势。因此，密码编制者和破解者可以说是前线战士，就算身体不在前线，至少精神上在。而且和许多参加实际战斗的人不同的是，他们的努力常常是保密的，直到数年或数十年后，当他们编制和破译的密码变得无甚价值时（历史价值除外）才会被揭露出来。

对页图： 摆放在白金汉郡布莱切利园的重建图灵机的一部分。

第一次世界大战——齐默尔曼电报

齐默尔曼电报是战时使用编码消息的经典案例，而且它还可以说是改变战争进程的成功密码分析和后续解密的最重要的案例。

这封电报在1917年1月16日由德国外交部长亚瑟·齐默尔曼（Arthur Zimmerman）发给德国驻墨西哥大使海因里希·冯·埃卡特（Heinrich von Eckardt）。这两名德国人不知道的是，这条消息的内容被英国密码破译团队“40号房间”（Room 40）截获了。该团队的名字来自团队成员在伦敦白厅街海军部大楼的办公地点，它在第一次世界大战刚刚爆发后成立，接下来一直是英国密码破译行动的核心，直到在1919年被政府代码与密码学校（Government Code and Cypher School，前身是海军部大楼40号房间，后演变为英国政府通信总部）取代，后者是海军部和陆军部的密码机构合并而成的。这封电报中的信息加密使用的是一种名为0075的编码，而它的解密部分使用了英国截获的与前一版本密码有关的德国编码簿。

下图：1945年，英国皇家空军的新兵正在一个训练站学习莫尔斯电码。

解密后的电报翻译如下：

我们预定于2月1日开始无限制潜艇战。尽管如此，我们仍将尽力让美国保持中立。若是未能成功，我们将以下列条件为基础寻求与墨西哥结盟：共同作战，共同谋和，丰厚的财务支持，而且我方对墨西哥重新收回得克萨斯、新墨西哥以及亚利桑那故土的诉求表示理解。协议的细节由你敲定。一旦确定将与美国开战，务必立即尽可能秘密地告知墨西哥总统上述事项，并建议他主动邀请日本合谋，并同时担任我们和日本的中间人。请你提醒总统注意，由于我们将采取残酷的无限制潜艇战，现有望迫使英国在数月之内求和。

齐默尔曼

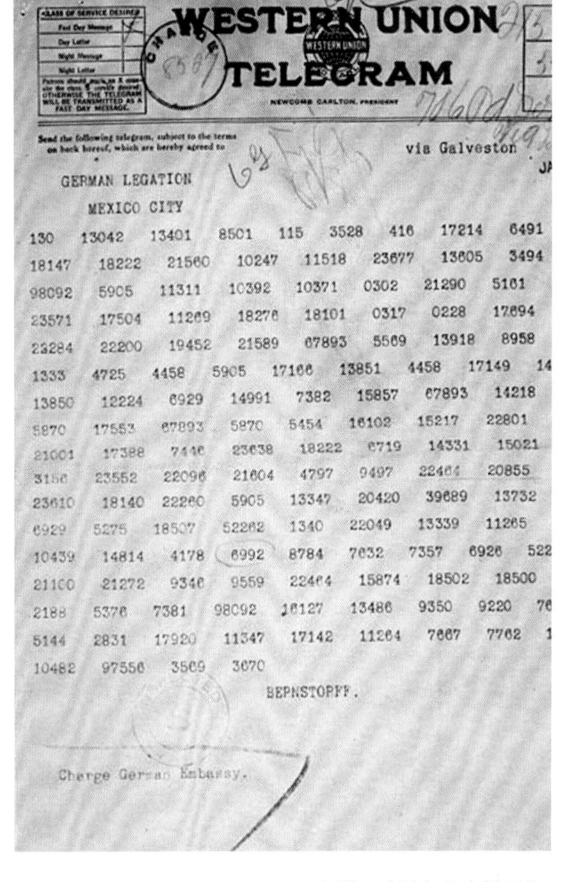
WESTERN UNION TELEGRAM

NEWCOMB CARLTON, PRESIDENT

CLASS OF SERVICE DESIRED
Fast Day Message
Day Letter
Night Message
Night Letter
Patrons should mark an X opposite the class of service desired; OTHERWISE THE TELEGRAM WILL BE TRANSMITTED AS A FAST DAY MESSAGE.

Send the following telegram, subject to the terms on back hereof, which are hereby agreed to

via Galveston

GERMAN LEGATION

MEXICO CITY

130 13042 13401 8501 115 3528 416 17214 6491
18147 18222 21560 10247 11518 23677 13605 3494
98092 5905 11311 10392 10371 0302 21290 5161
23571 17504 11269 18276 18101 0317 0228 17694
23284 22200 19452 21589 67893 5569 13918 8958
1333 4725 4458 5905 17166 13851 4458 17149 14
13850 12224 6929 14991 7382 15857 67893 14218
5870 17553 67893 5870 5454 16102 15217 22801
21001 17388 7446 23638 18222 6719 14331 15021
3156 23552 22096 21604 4797 9497 22464 20855
23610 18140 22260 5905 13347 20420 39689 13732
6929 5275 18507 52262 1340 22049 13339 11265
10439 14814 4178 6992 8784 7632 7357 6926 522
21100 21272 9346 9559 22464 15874 18502 18500
2188 5376 7381 98092 16127 13486 9350 9220 76
5144 2831 17920 11347 17142 11264 7667 7762 1
10482 97556 3569 3670

BEPNSTORFF.

Charge German Embassy.

上图： 齐默尔曼电报原件。

但是在破解齐默尔曼电报之后，这个英国情报机关面临着许多密码分析员面临过的两难处境。他们知道这封电报是政治炸药——揭露其内容将迫使美国对德国宣战，但与此同时也会让德国人知道他们的密码已经被破解了。

接下来，这个难题就不是他们的了。英国驻墨西哥的一名特工在公共电报局发现了这封电报的另一份副本，该副本是用此前的一种德国密码加密的。电报内容被交给了美国政府，1917年3月1日，这段信息出现在了美国报纸上。仅仅一个月后，美国国会对德国及其盟友宣战。

因此可以说，齐默尔曼电报的解密以及随后的美国参加“一战”加速了战争的结束，改变了历史的进程。

密码分析

波利比奥斯方阵密码

密码学的部分进步是通过此前某些加密技术的结合完成的。德国在“一战”期间使用的ADFGX密码和ADFGVX密码结合了波利比奥斯方阵密码（见第一章）和换位式密码，发明者是弗里茨·内贝尔上校（Colonel Fritz Nebel）。ADFGX密码于1918年3月首次使用。

为了让密码破译者的工作更加困难，波利比奥斯方阵密码和换位式密码的密钥每天都要更改。英国40号房间和法国密码局（Bureau du Chiffre）的密码破译者们一直在努力地寻找这种加密方案中的漏洞。

在构建波利比奥斯方阵密码时，使用字母A、D、F、G和X代替数字1–5，并随机打乱方阵中整个字母表的顺序。之所以选择这些看上去很奇怪的字母，是因为在以莫尔斯电码的形式发送信息时，这些字母相对不容易混淆——如果你想最大限度地减少信息乱码的风险，这一点至关重要。因为方阵中只有25个位子，而字母表中有26个字母，所以字母i和j是互换使用的。

表1

	A	D	F	G	X
A	f	n	w	c	l
D	y	r	h	i/j	v
F	t	a	o	u	d
G	s	g	b	m	z
X	e	x	k	p	q

现在，假设我们想加密这条信息：See you in Leningrad（“在列宁格勒见”）。该信息的第一个字母是s，该字母所在的行最左侧是G，所在的列最上端是A。因此字母s加密成GA。以此类推，下一个字母e加密成XA。

于是整条信息加密成下面这样（忽略空格）：

表2

S	e	e	y	o	u	i	n	L	e	n	i	n	g	r	a	d
GA	XA	XA	DA	FF	FG	DG	AD	AX	XA	AD	DG	AD	GD	DD	FD	FX

为了让解密更加困难，此时从第二排开始对加密字母使用一种换位式密码。选择一个密钥词，例如Kaiser（“皇帝”，特指“一战”时的德国皇帝威廉二世）。换位按照下面的方式成列进行，对于填不满的网格，留出空位即可：

表3

K	A	I	S	E	R
G	A	X	A	X	A
D	A	F	F	F	G
D	G	A	D	A	X
X	A	A	D	D	G
A	D	G	D	D	D
F	D	F	X		

然后按照密钥词中的字母在字母表中的顺序重新排列这些列，如下所示：

表4

A	E	I	K	R	S
A	X	X	G	A	A
A	F	F	D	G	F
G	A	A	D	X	D
A	D	A	X	G	D
D	D	G	A	D	D
D		F	F		X

然后将这些列从上至下依次写出，得到密码文本：

AAGADDXFADDXFAAGF GDDXAF AFDDDX

这就是加密后的信息，在“一战”期间它会使用莫尔斯电码进行传输。注意，这些字母串的长度不一——有些有6个字母，有些只有5个。这些长度不一的字母串让信息的破解困难得不可思议。

破解ADFGX密码：从采矿到密码破译

1886年出生于法国南特的乔治-让·潘万（Georges-Jean Painvin）看上去不太像是一位密码破译专家。他曾就读于一所采矿学院，然后在圣埃蒂安和巴黎的学院里当讲师，专门研究古生物学。

然而，在“一战”初期，他和法国第六军的密码学家波利耶上尉（Captain Paulier）成了朋友并很快对波利耶负责的密码编制工作产生了兴趣。在对一种此前的密码做出了启发性的工作之后，潘万被邀请参加密码局破解德国密码的工作。

ADFGX密码被德国人首次使用恰逢他们在这场战争中首次发动重大攻势。1918年3月底，德国军队在法国北部的阿拉斯附近发动攻击。这次行动的目标是将法国和英国军队分开，并占领具有重要战略意义的亚眠周边地区。对于协约国，破解密码突然变得至关重要。

上图： 乔治-让·潘万（1886—1980年）。

关于加密的德国信息，最显而易见的一点是它们只含有5个重复出现的字母。这让潘万和其他协约国密码分析员认为他们面对的是一种方阵密码。频率分析法很快表明这种加密不是简单的波利比奥斯方阵密码。

在3月攻势之后，信息数量的巨大增加让潘万取得了第二次突破。他在加密信息中发现了一些模式，表明数条信息的开头出现了相同的单词。由于任何一天的信息都是使用相同的两个密钥加密的，他认为这些重复可以成为某种密文猜字（crib），即加密文本中某些字词的真正含义是已知的或者可以猜出来，例如称呼语、标题或天气状况。

潘万最终在4月5日成功破解了ADFGX密码。实际上，令这种密码看上去难以破解的东西（字母串长度不一）却帮了潘万的忙。如果你看一下表3，你会发现含有6个加密字符的列全都在表格左边，而右边的列含有5个字符：

表3

K	A	I	S	E	R
G	A	X	A	X	A
D	A	F	F	F	G
D	G	A	D	A	X
X	A	A	D	D	G
A	D	G	D	D	D
F	D	F	X		

这大大减少了潘万必须尝试的各列实际排序情况的数量。然后他使用频率分析法查看哪种排序情况令字母频率符合一段典型的德语文本。这件事极其费时费力。潘万使用了18条信息帮助解开这种密码，而这需要他4天4夜不间断地工作才终于完成。即便当他知道了加密方案，对信息进行解密也仍然需要时间。

6月1日，一个看似非常严重的问题出现了。德军对埃纳省发动新的攻势之后，法国截获的信息开始包括一个额外的字母V。然而，潘万只花了一天就算出来这种新的ADFGVX密码只是在一开始的加密方案上扩大成了6 × 6的方阵，使用了字母表中的全部26个字母和数字0—9。

到战争结束时，一共只有10个ADFGX密码和ADFGVX密码的密钥被发现，这或许足以说明潘万面对的是多么巨大的困难。后来，潘万回到采矿业并在工业部门度过了成功的职业生涯。

和密码分析领域的许多英雄一样，他的事迹直到许久之后才公开。他在1933年获得法国荣誉军团军官勋章，并在1973年获得大军官勋章，此时距他去世只剩7年了。

两次世界大战之间：X夫人

艾格尼斯·迈耶·德里斯科尔（Agnes Meyer Driscoll）1889年出生于伊利诺伊州的杰纳西奥（Geneseo），后来成为美国密码学发展史上的关键人物。

她的第一个职位是在邮电审查处（Postal and Cable Censorship Office），她在那里审查通信中是否有间谍活动的证据。不到一年，她被分配到了密码与电子信息部（Code and Signal Section，简称CSS）的最前沿密码学岗位上，该部门当时正在积极创造供海军使用的密码和编码。“一战”结束时，她在这个部门成了一名民事公务员。

1919年和1920年，据说德里斯科尔抽出几个月参加了赫伯特·奥亚德利（Herbert O'Yardley）的MI-8密码部门，所谓的“黑室”（Black Chamber）

然后，获得“X夫人”（Madame X）称号的德里斯科尔被分配去拦截和破解日本通信使用的密码和编码。她帮助破解的第一种密码名为红皮书密码（Red Book）。海军间谍曾经成功打开日本总领事馆的保险箱，并拍摄了一册编码簿的每一页。这册编码簿被保存在一个红色文件夹里（因此得名）。1926年，她成功破译了第一个密钥，此后数个星期的信息流都是可读的。随后日本方面使用了更复杂的密钥，但是德里斯科尔和研究团队仍将它们一一破解。

德里斯科尔还帮助破解了一种更复杂的日本密码，它后来被称为蓝皮书密码（Blue Book）。它的解密让德里斯科尔和她的团队花了3年时间。来自这些信息的一条重要发现是，日本金刚级战列巡洋舰的最高速度是26节；因此，美国北卡罗来纳级战列舰的最高速度被调整到超过这一数字。

第二次世界大战密码战争——恩尼格玛密码机和布莱切利园

恩尼格玛（Enigma）密码机及其在二战中发挥的作用已经成为密码破译史上最广为人知的故事之一，尽管这个故事的全貌直到战后数十年才公开。

上图：布莱切利园，英格兰，二战期间英国密码破译员的家。

在两次世界大战之间，为英国政府代码与密码学校工作的英国密码破译员通过解密许多国家的外交和商业信息做练习，尤其是苏联、西班牙和美国。随着战争的临近，这所学校的关注焦点转移到了德国、意大利和日本，而且英国情报机构雇用了更多人手。布莱切利园（Bletchley Park），战时居民常将它简称为BP，这是一座小型宅邸，位于伦敦西北方向80千米（约50英里）的位置。它在1938年被英国情报机构总部军情六处（MI6）买下，给迅速增长的政府代码与密码学校当基地用，并且得到了一个伪装名“X站”（Station X）。

随着二战的临近，布莱切利园拥有186名工作人员，其中50人专注于加密而非解密。

随着战火席卷欧洲，德国人及其盟友发送的信息数量迅速成倍增长。让局面更加复杂的是，每个军种都使用不同版本的恩尼格玛机将信息译成密码，为布莱切利园的工作人员带来了庞大的工作量。

多拉贝拉密码——埃尔加的另一个谜语

英国最著名的作曲家之一爱德华·埃尔加（Edward Elgar）对密码和谜语十分着迷。例如，他深受喜爱的作品《在原始旋律上的变奏曲》(*Variations on an original theme*) 通常被称为《谜语变奏曲》(*Enigma variations*)，因为在它1899年的首演上，供听众参阅的乐曲简介中有一句令人捉摸不透的评论。

“我将不会解释谜语，”他写道，“它的‘暗语’一定不能被猜中，而且我警告您，变奏和主题之间的明显联系常常是最微妙的。此外，在这一套完整的乐曲中，还‘行进着’另一个更大的主题，但它没有被演奏出来。”

但是埃尔加对隐藏含义的迷恋已经超出了音乐领域。这或许并不令人吃惊，因为作曲家和密码破译者的工作有数个相似之处——他们都必须改组和调换并行的代码或音符，才能找到最佳的匹配方式。他给朋友的信中充斥着文字游戏和音乐谜语，而且埃尔加的一所家庭住宅被命名为“克雷格·李”(Craeg Lea)，它是埃尔加一家人的名字（C）arice、（A）lice以及（E）dward Elgar的异位构词。

说到埃尔加对密码学的热爱，最著名的例子之一可以追溯到《谜语变奏曲》首演大约两年前。1897年7月14日，埃尔加给一个年轻的朋友寄去一封用密码写的信，而该密码至今尚未得到令人满意的解决方案。这条信息包含87个字符，而且似乎使用了一套含有24个“字母”的字母表，其中每个字母由1、2或3个半圆组成，而这些半圆都朝向八个方向之一。频率分析法（见第24—25页）表明，埃尔加可能对一段英语明文使用了一种简单的替换式密码，支持该理论的证据是字母表中字母的个数——在许多密码中，I和J共用一个字符，U和V也一样。但是至今仍然没有人能够解密隐藏在这些字符中的信息。一些密码分析员曾经使用了在埃尔加的一本练习册中发现的密钥，他在这本练习册里列出了用在这种多拉贝拉密码（Dorabella cipher）中的符号，并将它们与字母表中的字母互相匹配。然而，当这个密钥被用于破解多拉贝拉密码时，却没有产生任何有明显意义的东西。这似乎表明埃尔加使用了一种更复杂的加密方法，也许是用了一个密钥词进一步加密了信息。

这封信的收信人是多拉·佩尼（Dora Penny），伍尔弗汉普顿圣彼得教区牧师阿尔弗雷德·佩尼（Alfred Penny）22岁的女儿。根据佩尼在她的书《爱德华·埃尔加：

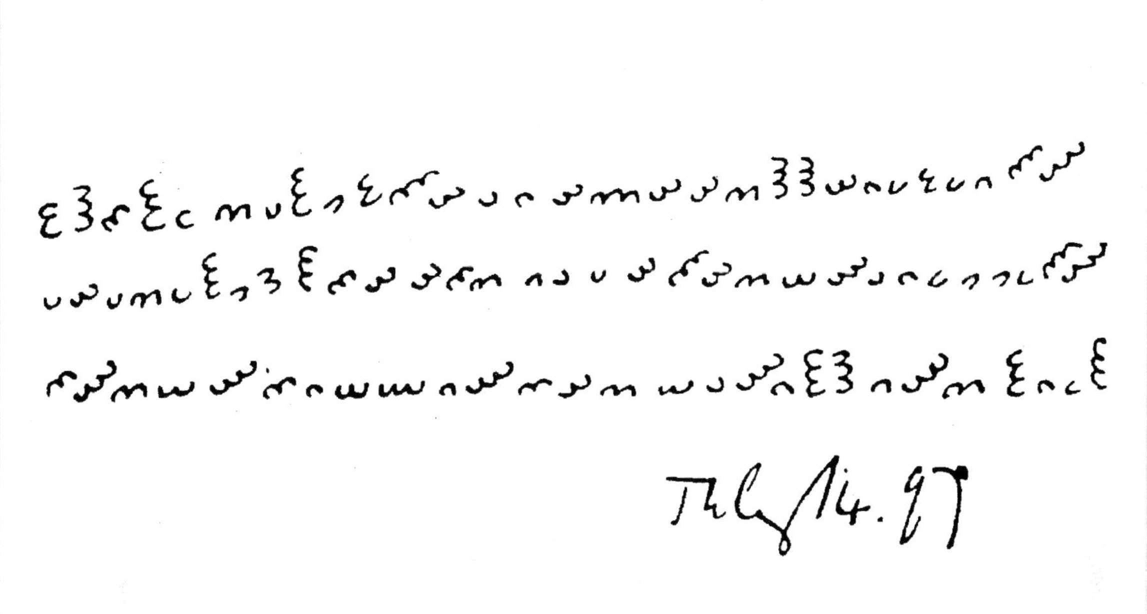

上图：多拉贝拉密码。

回忆变奏曲》(*Edward Elgar: Memories of a Variation*）中的叙述，从19世纪90年代末到1913年，佩尼与埃尔加还有他的妻子爱丽丝（Alice）一直保持着密切的关系。寄出这封加密信时，多拉和埃尔加已经见过几次面了。“众所周知,”多拉写道，“埃尔加一直对谜语、密码和暗号之类的东西感兴趣。这里的密码（我从他那里收到的第三封信）附在（埃尔加的妻子）给我继母的一封信中，信的背面写着‘佩尼小姐’。这封信是1897年7月他们来到伍尔弗汉普顿拜访我们之后寄来的。”

“至于它传达的是什么信息，我从未弄懂丝毫。他从未解释过它，所有解决它的尝试都失败了。如果本书的任何读者成功地找出解决方案，我会很想知道的。”

多拉·佩尼本人是《谜语变奏曲》中第十变奏（Dorabella）的灵感来源，所以有人推测埃尔格寄给她的密码可能提供了某种线索，有助于解开和这首乐曲相关得更深的谜团。

当她后来向埃尔格问起《谜语变奏曲》的秘密时，他的回答是，“我以为在所有人当中，只有你会猜得到”。多拉在1964年去世，所以如果只有她知晓这些谜语的秘密，那么解开谜语的希望可能已经随着她离开人间了。

上图： 二战期间在布莱切利园破译恩尼格玛密码机加密信息的女性破译员。

在英国首相丘吉尔的命令下，情报部门增加了在布莱切利园破解加密信息的人员的数量。这些男男女女通常是数学家和语言学家，许多人来自牛津大学和剑桥大学——布莱切利园与这两座城市的距离几乎相等，因此位置绝佳。1943年，随着美国参战，美国密码破译员加入他们的英国同行中来。到1945年5月，这里有将近9000名员工，还有另外2500人在其他地方研究相关问题。

关于布莱切利园的许多故事聚焦于在这里工作过的著名男士——例如阿兰·图灵、戈登·韦尔奇曼（Gordon Welchman）和迪利·诺克斯（Dilly Knox）。然而75%的工作人员其实是女性；许多繁重的手动工作是她们完成的。她们的贡献毫不逊色。

工作人员的迅速增加意味着必须在布莱切利园建造更多工作空间，于是这里出现了大量小屋和其他建筑，它们只以一个数字或字母命名，而且每栋建筑都有不同的功能。例如，在8号小屋（Hut 8）工作的是

上图：在6号小屋的机器房里工作的密码破译员，布莱切利园，1943年。

研究德国海军恩尼格玛密码的密码分析员。6号小屋（Hut 6）专注于破解德国陆军和空军的恩尼格玛密码。在E区（E Block），来自恩尼格玛的解密和破译信息被重新加密并传送给同盟国的军事首脑。

波兰人是如何破解恩尼格玛密码的

波兰人对破解恩尼格玛密码的贡献是根本性的，而且早至1932年就开始了。一共有三名年轻的波兰密码破译专家处于这项工作的最前沿——他们是数学家马里安·雷耶夫斯基（Marian Rejewski）、耶日·罗瑞茨基（Jerzy Rozycki）和亨里克·佐加尔斯基（Henryk Zygalski）。

一开始，使用恩尼格玛密码发送的信息开头是（下文见第104页）

恩尼格玛密码机

生活在柏林的工程师亚瑟·谢尔比乌斯博士（Dr Arthur Scherbius）在20世纪20年代开发了第一台恩尼格玛密码机，作为加密商业信息的一种方法。德国政府在三年后采用了这台机器，并对其进行了重大修改以提高该设备提供的信息安全性。

恩尼格玛密码机是一种便携式加密机，大小与台式计算机的处理器相仿。机器前部的键盘用于输入信息。键盘上方是26只小灯，每只小灯上都有字母表中的一个字母。当某个按键被按下，其中的一只小灯会点起来，表明该按键在密文文本中应该用什么字母代替。然后这些字母被第二名操作员记录下来并使用莫尔斯电码将加密信息发送出去。接下来，这些信息被目标收件人接收并输入他们自己的恩尼格玛密码机（和发信者的恩尼格玛密码机使用同样的方式设置），得到原始信息。然而，窃听者也能够获取这些加密的无线电消息，而这正是同盟国通过一系列无线电监听站做的事情。即便窃听者拥有自己的恩尼格玛密码机，也需要它和发信者的密码机按照同样的方式设置才能解密信息。恩尼格玛密码机内部的复杂性让这件事困难得不可思议。

该机器的原始版本内有三个旋转圆柱体，称为转子（rotors）。每个转子的表面都有一系列内部布线和电触点，因此转子的每个不同位置都会导致键盘按键与小灯之间出现不同的导电连接。当某个按键被按下时，最右边的转子会转动一格，转动方式与汽车里的计程表类似。在26次转动之后，会轮到中间的转子转动一格。当这个转子转动26次，就该最左边的转子转动了。这些翻转受转子环上的一个槽口影响。然而，为了增加密码的复杂性，操作员可以将每个转子环上的槽口设置为26个不同的位置。这意味着中间的转子可能会在键入前10个字符之后开始旋转，然后每转动26次后才再次旋转。

转子末端的反射器意味着信号穿过这三个转子的输入路径和返回路径是不同的。

这些因素令可能的转子设置方式多得难以想象，然而机器前部的一块插板（plugboard）仍然进一步增加了这种加密方式的复杂程度。在它的帮助下，通过在标有字母的插头（德语中称为stecker，密码破译员后来直接用这个德语词称呼它们）之间对接电线，就能让特定的两个字母互换。

据弗兰克·卡特（Frank Carter）和约翰·加尔霍克（John Gallehawk）的计算，在加密过程开始时，这台机器有15800亿亿种不

上图： 来自一台恩尼格玛密码机的转子。右边的绿色电线在键盘和显示端之间形成电路连接，在显示端，每个字母的加密版会亮起小灯。

同的设置方式。难怪德国人对自己的保密能力有着如此高的自信。

尽管人们常常以为英国和美国的密码破译员直到战争即将开始前才拿到恩尼格玛密码机，但是其实他们早在1926年就得到了谢尔比乌斯的一台商用密码机，它是政府代码与密码学校的成员迪利·诺克斯在维也纳购买的。实际上，后来有人发现商用恩尼格玛密码机的专利早已在20世纪20年代提交给英国专利局了。

密码分析

恩尼格玛密码

波兰人发现，他们可以利用纯数学的群论（group theory）特征破解这种密码。他们意识到，对于恩尼格玛密码机的任何既定配置，任何输入的字母都会被加密成另一个字母。因为这种机器是可逆的，所以加密字母接下来再次加密后会变成一开始使用的字母。这提供了一条进入恩尼格玛密码的路径。我们可以使用群论符号写出恩尼格玛密码机转置字母的一套设置方式：

A B C D E F G H I J K L M N O P Q R S T U V W X Y Z
J R U X A W N S F Q Y T B H M D E V G I L P K Z C O

这些速记符号的意思是，当上面一行字母被键入一台恩尼格玛密码机时，它们会点亮下面那一行字母的小灯。例如，当你按下A时，它会点亮小灯J，当你按下T时，小灯I会被点亮。这个过程可以归纳为字母周期。注意看A如何转置为J，J转置为Q，Q转置为E，而E转置为A，即一开始的字母。这个周期可以写成（A J Q E）。这里还有其他3个周期：

(G N H S)
(B R V P D X Z O M)
(C U L T I F W K Y)

波兰人意识到，这些周期总是以相等的长度成对出现。在这个例子中，有一对4字母周期和两对9字母周期。这一认识减少了破解该密码所需的人力。他们还发现字母对的对接对底层群论没有影响。如果通过对接令字母对实现互换，这些周期的数量和长度也和原来是一样的。雷耶夫斯基当时的一篇论文提到，他们能够获得这些对接设置，但是没有详细说明是如何做到这一点的。

上图： 一台恩尼格玛密码机。

（接第99页内容）连续重复两遍的各转子加密设置方式。密码机的使用说明可能会说，转子应在每月4号将起始位置设置成字母A、X和N。那么操作员就会在信息开头先加密6个字母AXNAXN，然后再对信息的主体进行加密。

然而，仅仅凭借复杂的数学知识本身是不够的。要想使用这些理论，他们需要构建一个基于卡片的目录，为超过10万种可能的转子设置列出所有可能的置换。在没有计算机帮助的情况下，这是一项极为艰巨的任务。

波兰的密码破译者们还使用两个恩尼格玛密码机的转子建造了一台名为记转器（cyclometer）的机器，并用它更快地产生这些置换。记转器用于为特定转子序列的所有17576种转子位置准备字母周期长度和数量“特征”目录。由于可能的序列一共有6种，于是产生的“特征目录”或者说“卡片目录”（card catalogue）一共包括105456个（6×17576）条目。

雷耶夫斯基写道，这种目录的准备“极为费工，耗时超过一年……但是将它准备好之后……每天的密钥大约15分钟之内（便可获得）”。

对加密术进行加密

1938年，德国人改变了恩尼格玛密码机的操作方法。每个操作员都不再使用手册中的公用转子起始位置，而是选用自己的设置。起始设置传输时不加密。例如，信息可能像此前一样以AXN开头。然而，操作员接下来可以用一种不同的转子起始设置加密信息本身，比如说HVO。他会将该设置连续输入恩尼格玛密码机两遍——HVOHVO。然而，因为密码机已经使用一开始的AXN设置进行了设定，所以它会将HVOHVO加密成全然不同的东西，例如EYMEHY。需要注意的一点是，这6个字母加密后的版本没有出现重复，因为随着每个字母的键入，转子都会转动一位。因此，操作员发送的信息会以AXN EYMEHY开头，然后是使用HVO转子设置进行加密的信息本身。

在收到信息之后，收信人会立即看出他应该先将转子设置为AXN。然后输入EYMEHY会让他得到HVOHVO，随后他应该将转子重新设置到HVO的位置上。接下来随着他输入密文，信息的剩余部分就会被解密了。

这种新引入的复杂性令波兰人开发的目录方法变得无效，对于投入了如此多的时间和资源的波兰人，这必定是一场令人肝胆俱碎的体验。然而，他们使用群论数学，再次很快发现了另一种解密方法。

你会注意到，在上文我们举的转子设置的例子中，信息设置方式被加密为EYMEHY，其中的第1个和第4个字母是一样的——都是字母E。雷耶夫斯基和他的同事们注意到，这种第1位和第4位（还有第2位和第5位，第3位和第6位）的单字符重复出现得比较频繁。出现这种情况的例子称为“母座”(females)。

波兰人建造了6台名为“Bomba”的密码破译机，每台密码破译机都包含3个机械耦合在一起的恩尼格玛密码机转子，它们会机械地搜索会产生这些母座的转子设置。因为一共制造了6台机器，所以能够同时检验所有可能的转子顺序，例如AXN、ANX、NAX、NXA、XAN和XNA。

然而，以这种方式使用Bomba密码破译机依赖于任何字母都未被对接。一开始，恩尼格玛密码机中只有3对字母被对接，但后来德国人将这个数字增加到了10对，于是佐加尔斯基设计了另一种使用穿孔硬纸板的替代方法。

下图： 一张佐加尔斯基纸板。

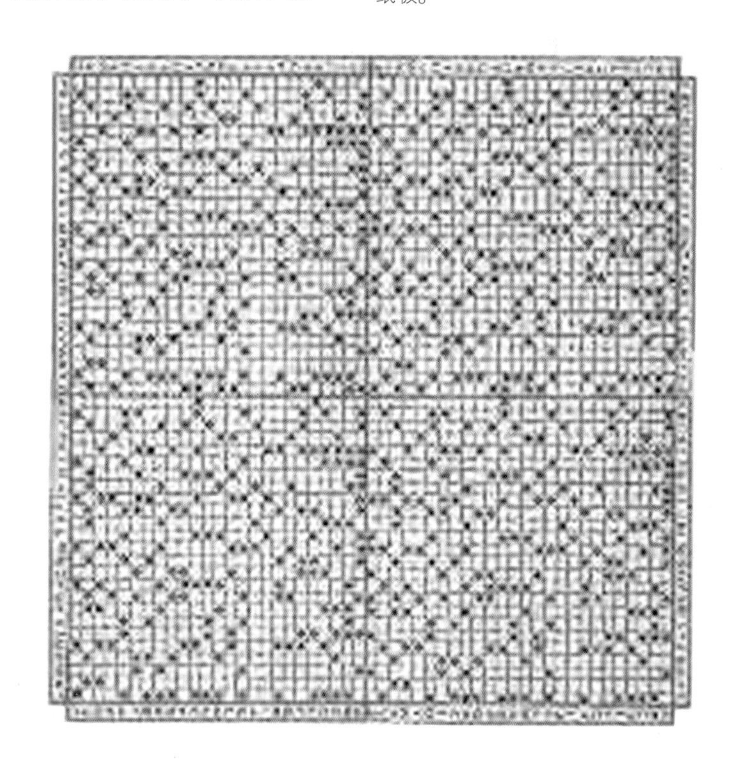

制造这些“佐加尔斯基纸板”的过程非常耗时，因为需要大量纸板，而且每张纸板上常常多达一千个的穿孔是用剃须刀手工扎出来的。

这种方法需要制作26张纸板，每张纸板代表恩尼格玛密码机左手边转子的一种可能起始位置。在每张纸板上标记出一个26×26的网格，从A至Z的所有字母在左侧边和顶边分别按照从上到下和从左到右的顺序排列。左侧字母代表中间转子的起始位置，顶部字母代表右手边转子的起始位置。

我们知道我们截获的以AXN EYMEHY开头的信息包含一个“母座”，信息设置方式的第1位和第4位字符相同。这意味着在那张代表左手边转子位置为字母A的佐加尔斯基纸板上，网格中左侧以X开头的一行与顶端以N开头的一列的交点处有一个穿孔。

如果同一操作员在同一天发送了其他信息，而且他们的信息设置中也含有母座，我们可以开始将纸板堆叠在一起，让它们的网格完全重叠。当这沓纸板放在光下时，只有穿孔重叠——并令光线穿过——的设置才是当天可能的设置。添加到这沓纸板上的每一张纸板都进一步减少了潜在起始设置的数量。只要拥有格式正确的足够多的信息，起始设置最终就可能被推断出来。

下图： 阿兰·图灵（Alan Turing，1912—1954年），他设计了许多破解德军密码的方法，包括可以找到恩尼格玛密码机中设定方式的传奇密码破译机。

1938年12月，当德国人对这套系统进行了新的改进时，就连这种方法都变得不切实际了。此时，操作员不像以前那样在任何时候都使用3个转子了，而是可以从一套5个转子中选择任意3个。这将转子设置方式的数量增加了9倍，创造数量必要的纸板这一任务超出了密码破译者能够使用的资源。

局势的发展很快让波兰人应接不暇。在即将被入侵时，他们意识到自己需要与其他人分享自己的工作成果。随着德国准备入侵，波兰人向英国的政府代码与密码学校和法国情报机构提供了本地制造的军用恩尼格玛密码机的复制品。

破解恩尼格玛密码

要想解密一条信息，接收者以及任何窃听者需要知道选用的是哪3个转子

上图： 甜点密码破译机，用于破译恩尼格玛密码机加密信息的装置。

以及它们在密码机中的位置、翻转槽口设置在什么地方、每个转子使用什么起始位置（以右上方小窗口中显示的字母作为指示），以及哪些字母使用插头对接的方式互换。

对于布莱切利园的密码破译者而言，对接字母对数量的增加带来了最大的挑战。对于每一种转子设置，都有超过2.5×10^{18}种可能的插板设置。剑桥大学天才数学家阿兰·图灵和戈登·韦尔奇曼设计的甜点密码破译机（Bombe，一种形似炮弹的球形甜点的名字）简化了这一看似不可能的任务。这个名字是为了致敬波兰人制造的Bomba密码破译机，但它实际上是一种完全不同的设备。

这种方法要想成功，关键是能够找到所谓的“crib”（密文猜字）。如果你思考一下书面通信的性质，会发现它是高度结构化的。例如，当你给别人写信时，你会常常以“亲爱的某某先生/夫人”开头，以“您忠实的”结尾。德国的许多战时信息也是如此，尽管结构化的元

上图： 1944年6月6日，增援部队在盟军攻入法国的行动中离船登陆诺曼底（代号D-Day）的一处海滩。

素有所不同。这些信息可能常常以单词“秘密”开头，而来自海军舰艇的信息常常包含天气和它们的位置。有一位操作员特别喜欢使用IST（德语中意为“是”的单词）作为信息设置方式。另一名位于意大利巴里的操作员常常使用他女朋友名字的首字母作为转子的起始位置。因此，破解恩尼格玛密码不但需要关注技术的弱点，洞悉人性的弱点也同样重要。

在密文文本中找到这种密文猜字的正确位置绝非易事——有些恩尼格玛密码机操作员会使用无意义的字符为经常重复的短语或单词加上前缀，迷惑潜在的密码破译者。

针对将近18000种可能的转子设置中的每一种，甜点密码破译机的设计使其操作员可以同时检查某一特定输入字母的26种可能的对接搭档。在运行这些设置时，如果遇到与密文猜字相符的一系列设置，它就会停止。然后使用手动技术，如频率分析法，检验这些转子设置。如果字母频率与典型德语文本所期望的大致相符，再继续考虑其他对接字母对。最后，从所有这些艰苦的工作和巨大的好运气中，他们会得到用于当天信息的原始加密设置，尽管这种情况并不每天发生。

布莱切利园使用的一种有趣的技术被称为“干园艺活儿”（gardening）。它会驱使德国军队在他们发送的信息中包含已知单词。例如，如果一片区域的地雷被清理干净，布莱切利园的密码破译员会请求陆军在该地区再次埋雷，希望德国人会在从该地区发送的信息中加入“minen”（地雷的德语）这个词。

1940年1月20日，首条恩尼格玛加密信息在布莱切利园被破译，但至关重要的是，不能让德国知道同盟国现在已经能够阅读它发送的许多信息了。为了掩盖布莱切利园的存在和成功，英国政府凭空捏造了一个代号为博尼法斯（Boniface）的间谍和一个身处德国的虚构情报网络。因此，信息将发送到英国军方的各部门，让人以为是博尼法斯或者他安排在德国的某个间谍偷听到了德国高级军官之间的对话或者在某个垃圾箱里发现了机密文件。这样的话，就算信息泄露回去，德国人也不会意识到他们的无线信号正在被窃听。

战争结束时，布莱切利园团队已经破译了超过250万条恩尼格玛加密信息，对同盟国的胜利做出了重大贡献。毫无疑问，如果没有破译德国消息的能力，诺曼底登陆将艰难得多。布莱切利园的密码破译员破译恩尼格玛密码的能力大大缩短了这场战争所耗费的时间。

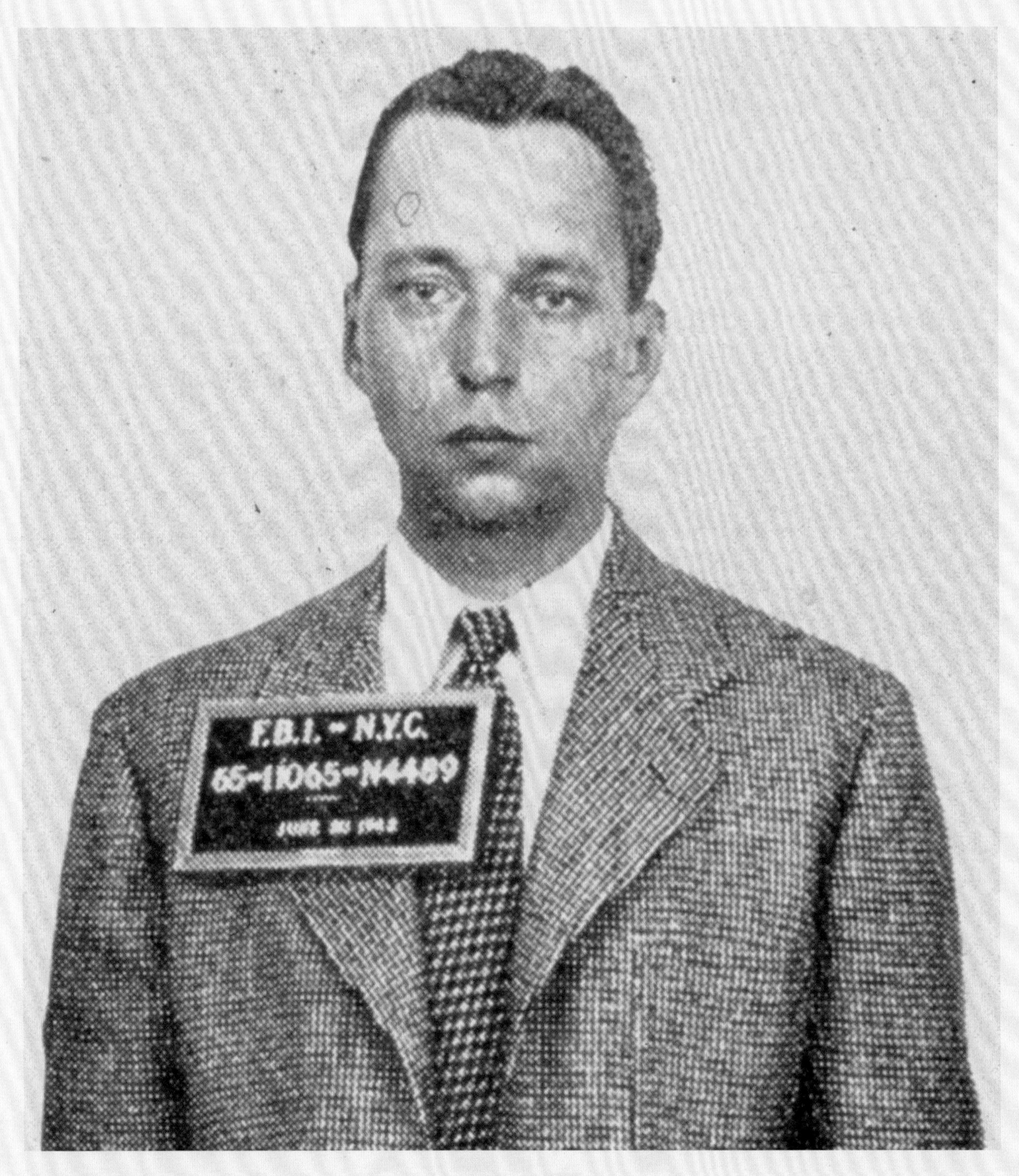

上图： 德国间谍欧内斯特·布格尔（Ernest Burger），在4名男子之一向FBI自首后被捕。

1942年6月13日，午夜过后大约10分钟，4名来自一艘德国U型潜艇的男子在纽约市长岛上岸，他们的目的是破坏美国设备和物资的生产，以及将恐惧注入美国人心中。

这些人携带了175200美元和足以进行2年破坏活动的炸药，但是他们的任务在48小时之内陷入了僵局。6月14日晚，这支小团队的首领乔治·约翰·达施（George John Dasch）丧失了勇气，在纽约向联邦调查局（FBI）打电话自首。

数天之内，他被拘留并受到审讯。FBI特工在搜查达施的物品时发现一条手帕，并用氨熏法检查了它。检查发现手帕上有使用硫酸铜化合物书写的隐形信息，列出了与达施团队以及另一拨已在佛罗里达州上岸的破坏者有牵连的名字、地址和联系人。这场阴谋被揭露了。达施和另一个名叫欧内斯特·布格尔的间谍是八名间谍中唯二没有在之后一个月被处死的人。

和这些纳粹破坏分子一样，历史上的间谍也使用过隐形墨水和其他形式的隐写术，以免信息被他们的敌人发现。对于隐瞒真实身份的间谍，使用密码术伪装信息的含义是不够的——他或她需要掩盖的是信息存在这一事实。

有一种方法会用到一沓卡片。这沓卡片按照既定的顺序堆放，然后信息被写在卡片的侧面。一旦将它们的顺序打乱，这沓卡片侧面上的标记就会变得几乎看不见，除非接收人将它们的顺序重新排好。

在古希腊，精明的战术家埃涅阿斯（Aeneas Tactician）也描述了一种技术，它需要在书本或消息的现有字母上方或下方戳出小孔，以此传递秘密词语——20世纪的战争仍然使用了非常相似的方法。

据报道，在二战期间，德国人开发了另一种在微小空间内隐藏秘密信息的方法。这种技巧名为“微点”（microdot），需要拍摄一张图像并将其缩小到和印刷句号一样大。这种点的微小尺寸让它可以隐藏在通过正常渠道发送的信件或电报中。然后预期收件人可以用显微镜读取这个点的内容。

在现代，隐写术已经进入数字领域。数字图片或声频文件被用于隐藏信息。通过对文件的二进制代码进行细微更改，就能嵌入不被留意的数据。

如何制作隐形墨水

隐形墨水可以使用多种物质制造，其中某些东西可能你家里就有。最简单的是柑橘汁、洋葱汁和牛奶。将画笔、钢笔尖甚或你的手指蘸进汁液，然后在纸上写字，你就能够留下隐性信息。这些墨水在灯泡加热或者接触铁元素后就会显形。如果用的是柑橘汁，原理是吸收了这种酸性汁液后，纸张局部与其他部位相比，会在更低的温度下褐化。

另一种容易获得的隐形墨水是醋，可以通过紫甘蓝水令其显形。还可以使用许多其他化学物质，包括硫酸铜、硫酸铁以及氨水。

在用隐形墨水书写时，最好用正常的圆珠笔在纸上写一段假信息，因为空白的纸可能会显得很可疑。

希特勒的密码

德国军方交流的大部分秘密信息都使用了各种版本的恩尼格玛密码。然而，某些信息——主要是希特勒发送给他的各位将军的信息——被认为过于机密，即便是这种理应十分安全的加密方法也不能确保万无一失。

使用不同于恩尼格玛密码系统加密的信息在1940年首次被拦截。布莱切利园的密码破译员们给以这种方式加密的信息起了个通用绰号——“鱼”（Fish）。

后来破译员们发现，用于加密这些信息的是一种比便携式恩尼格玛密码机大得多的机器。这种洛仑兹密码机（Lorenz SZ40）使用了12个转子，因此与恩尼格玛密码机相比，复杂程度大得难以想象。当然，布莱切利园的密码破译员们了解这种机器的唯一方法就是通过它产生的加密信息。他们给这种未曾谋面的机器起的绰号是“金枪鱼”（Tunny）。战争后期，德国人使用的其他加密机器也得到了和鱼有关的名字：例如“鲟鱼”（Sturgeon）。洛仑兹密码机复杂性的关键是这12个转子产生的额外字母的看似随机性。和在恩尼格玛密码机中一样，洛仑兹密码机的转子在每输入一个字母后转动一次。5个转子以有规律的方式转动，还有5个转子根据2个针轮的设定转动。因此，破解“鱼”信息需要找到正确的初始转子设置。

然而，布莱切利园的密码破译员成功弄清了“金枪鱼”是如何建造的，这多亏了一位德国密码操作员在1941年8月犯的一个错误。这名操作员发送了一条长消息，但它在传输过程中损坏了。这名操作员使用同一个密钥重新发送了这条信息，但是一些单词使用了缩写。这两条信息都被同盟国的窃听站截获并转发给布莱切利园。这让盟军的密码破译专家能够搞清楚基本设计并建造出一台密码破解机，名为“希思·罗宾逊”（Heath Robinson），这个名字来自以绘制古怪发明闻名的漫画家威廉·希思·罗宾逊。遗憾的是，这台模拟器的速度太慢而且不稳定，需要几天才能破解相应信息。

密码分析

添加密钥

洛仑兹密码机名字中的字母SZ代表Schlüssel-Zusatz，意为“添加密钥”，这也透露了这台机器加密文本的基础。这台机器使用长度为5个字符的二进制数字串代表字母。例如，字母A是11000，而字母L是01001。

通过使用名为异或（exclusive-or，简称XOR）的运算结合每个字母的二进制表示形式与另一字母的表示形式，实现每个字母的加密。对于单个二进制数字，这种运算的性质如下：

0 XOR 0＝0

0 XOR 1＝1

1 XOR 0＝1

1 XOR 1＝0

所以，如果字母A与字母L结合，会产生如下结果：

A＝	11000
L＝	01001
XOR	10001

由于10001代表字母Z，所以洛仑兹密码机在这里会将A加密成Z。

信息的接收人会反向执行同样的运算。

Z＝	10001
L＝	01001
XOR	11000

这样就会重新回到我们一开始使用的字母A的二进制表示形式。

问题部分在于让两条打孔纸带保持同步高速运转。布莱切利园的阿兰·图灵此前在制造用于破解恩尼格玛密码的甜点密码破译机时曾与年轻的电话工程师汤米·弗劳尔斯（Tommy Flowers）共同工作，此时再次寻求他的帮助。弗劳尔斯建议制造一台机器，用一系列起到数字开关作用的阀门代替其中一条纸带，从而消除同步问题。

这台机器的建造花了10个月，使用了1500个阀门。1943年12月，第一台机器在布莱切利园安装并投入使用。这台机器名叫“巨人”（Colossus），是全世界第一台可编程计算机。它的尺寸大得能占满一个

房间，重达1吨，但是可以将破解洛仑兹加密信息的时间从数天缩短至数小时。它的工作方式是对比两个数据流，并基于可编程功能对每个匹配进行计数。1944年6月，布莱切利园安装了一台经过改进的“巨人Mark II”（Colossus Mark II），到战争结束时，布莱切利园使用了10台阀门数量更多的“巨人”密码破解机。

上图和对页图：“巨人”机，全世界第一台可编程计算机。

紫色密码与偷袭珍珠港

上图： 日本的“紫色”密码机。

二战期间，日本对其消息进行了编码加密。对于其高级别外交信息，日本人从1938年开始使用九一式拉丁语密码机（又称A型密码机），接受的输入信息使用拉丁字母，因美军对其为代号为Red，又被称为红色密码机。但由于红色密码机加密方法过于简单，不久便被紫色密码机（九七式欧文印字机，B型密码机）取而代之，其制造的密码被美国破译员称为“紫色密码”（Purple code）。与恩尼格玛密码机不同，紫色密码机使用的不是转子而是步进开关，与电话交换机中的相似。每个开关有25个位置，而且在收到一个电脉冲时会步进到下一位。在这台机器里，字母表被分成两组，一组6个字母（元音字母加字母Y），另一组20个字母（辅音字母）。对于元音字母，有一个开关会在每输入一个字符后步进一次。然而，辅音字母有三个相连的25位开关，这种开关可以像汽车上的里程表那样转动。

与德国人对恩尼格玛密码的看法相同的是，日本人相信紫色密码是不可破解的。然而，美国陆军信号情报局（Signals Intelligence Service，简称SIS）的一支团队在该情报局负责人威廉·F. 弗里德曼和密码分析员弗兰克·罗利特（Frank Rowlett）的领导下，成功地破解了它。在破解紫色密码的过程中，最大的进展或许来自SIS的利奥·罗森（Leo Rosen），他设法建造了一台日本密码机的复制品。

有了这件复制品，再使用密码分析的方法发现这台机器使用的密钥，SIS在1940年年底之前破译了大量紫色密码机加密的信息。破解紫色密码时使用的密码分析技术与破解恩尼格玛密码时使用的技术相似。频繁使用的称呼语和结束语被用作密文猜词，而错误发送多次的信息则被用于破解这种“牢不可破”的密码。

美国破解了紫色密码的算法，但这并不意味着每条信息都能被立即读取——仍有一些信息密钥有待发掘。因此，即使在最好的情况下，美国陆军信号情报局破解后的情报也是零散不全的。另外还有一个问题，在于如何对加密情报进行分配运算。由于涉及必要的保密性，许多收到情报的人都没能意识到它们的价值。

在美国参加二战之前，美国和日本正在进行争夺太平洋地区主导权的大规模经济战。某些解密信息本可以让美国政府洞悉日本是如何通过外交渠道说一套，但实际上却在背地里做另一套。然而许多密码破解专家认为，在某种程度上能够破译紫色密码信息导致美国产生了一种自满情绪，而这种自满在短短几年之后就被残忍地击碎了。

1941年12月7日，美国情报机构从正要切断对美外交关系的日本大使馆截获了一条紫色密码信息，但是这条信息并未及时送达美国国务院，所以没有人意识到它与随后日本袭击珍珠港有关。不过，消息中没有具体地提到这次袭击，所以似乎无论怎样美国都不太可能采取任何措施。

纳瓦霍密语者

二战期间，美军和日军在太平洋战场上的残酷战斗也是一场高风险的密码战。日军方面精心打造了一支队伍，成员都是训练有素且会说英语的士兵，能够拦截通信和破译信息。美军拥有自己复杂的加密系统，例如SIS的弗兰克·罗利特开发的SIGABA密码机。

这台机器又称“电动密码机Mark II”（Electric Code Machine Mark II），它没有使用见于恩尼格玛密码机和紫色密码机的单步转子或开关动作，因为这会让破解所得密文变得更容易。SIGABA密码机使用一条打孔纸带，它能有效地随机决定键入每个字母后每个转子的前进程度，从而让窃听者更难以解密。人们普遍认为，从未有人在SIGABA密码机被普遍使用的时代破解过用它加密的信息。

下图： 纳瓦霍族海军陆战队士兵正在操作一台设置在布干维尔岛前线后面的便携式无线电台，所罗门群岛，1943年12月。

SIGABA密码机的缺点是昂贵、很大而且非常复杂，在野外战场上派不上什么用场。在战斗中，延误的代价是巨大的。例如，在瓜达尔卡纳尔岛上的作战中，军队负责人抱怨说，由于这种机器本身的脆弱性以及缓慢的加密速度，它常常要花两个多小时发送和解码信息。美军想要一套更快的系统——然后在1942年初，生活在加利福尼亚的工程师、“一战”老兵菲利普·约翰斯顿（Philip Johnston），提出了完美的解决方案。

作为一位传教士的儿子，约翰斯顿从4岁起就和纳瓦霍人生活在一起，这种成长经历意味着他是极少数能够流利地说他们的语言的非纳瓦霍人。1942年，在看了一篇关于美洲原住民在二战中服役的报纸文章之后，他想到这种难以理解的语言可以用来更快且安全地发送信息——从一个纳瓦霍族信号员发送到另一个那里。

几天之内，约翰斯顿就向艾略特营（Camp Elliot）的部队通信官J. E. 琼斯少校（Major J. E. Jones）汇报了自己的想法。2月28日，一场面向军官的演示表明，两名纳瓦霍族男子可以在20秒内对一条三行信息进行编码、传送和解码——当时的密码机需要30分钟才能完成这项任务。

纳瓦霍族受训者帮助编纂了词汇表，而且他们倾向于选择描述自然界的单词指代特定军事术语。例如，以鸟的名字代替各种类型的飞机，而用鱼的名字代替舰艇。

很快，29名纳瓦霍族男子被招募来参加任务，并着手创建第一种纳瓦霍语密码。

受训后，这些密语者接受了测验并轻松通过。一系列翻译成纳瓦霍语、通过无线电台传送然后再次翻译回英语的信息全都一字不差。

随后，著名的美国海军情报部（Navy Intelligence）得到了破解这种密码的机会，但是三周之后，他们被难倒了。“纳瓦霍语的发音是一系列古怪的鼻音、挤喉音和塞擦音，我们甚至都没法抄录，更别说破解它了。”

密码分析

纳瓦霍语密码

真实词	密码字	纳瓦霍语翻译
战斗机	蜂鸟	da-he-tih-hi
侦察机	猫头鹰	ne-as-jah
鱼雷轰炸机	燕子	tas-chizzie
轰炸机	秃鹰	jay-sho
俯冲轰炸机	小鹰	gini
炸弹	蛋	a-ye-shi
两栖突击载具	青蛙	chal
战列舰	鲸	lo-tso
驱逐舰	鲨鱼	ca-lo
潜艇	铁鱼	besh-lo

完整的词汇表包括274个词，但是在翻译出乎意料的词或者人名和地名时，仍然存在问题。解决方案是设计一套拼写难词的编码字母表。例如，单词“海军”（navy）可以这样翻译成纳瓦霍语：nesh-chee（nut，坚果），wol-la-chee（ant，蚂蚁），a-keh-di-glin（victor，胜利者），tsah-as-zih（yucca，丝兰）。每个字母还有数种变体。纳瓦霍语单词“wol-la-chee”（ant，蚂蚁）、“be-la-sana”（apple，苹果）和“tse-nill”（axe，斧子）全都代表字母“a”。下表展示了一些用于代表每个字母的纳瓦霍语单词：

A	蚂蚁（ant）	wol-la-chee	N	坚果（nut）	nesh-chee
B	熊（bear）	shush	O	猫头鹰（owl）	ne-ahs-jsh
C	猫（cat）	moasi	P	猪（pig）	bi-sodih
D	鹿（deer）	be	Q	箭袋（quiver）	ca-yeilth
E	加拿大马鹿（elk）	dzeh	R	兔子（rabbit）	gah
F	狐狸（fox）	ma-e	S	绵羊（sheep）	dibeh
G	山羊（goat）	klizzie	T	火鸡（turkey）	than-zie
H	马（horse）	lin	U	犹特人（ute）	no-da-ih
I	冰（ice）	tkin	V	胜利者（victor）	a-keh-di-glin
J	公驴（jackass）	tkele-cho-gi	W	鼬（weasel）	gloe-ih
K	小孩（kid）	klizzie-yazzi	X	交叉（cross）	al-an-as-dzoh
L	羔羊（lamb）	dibeh-yazzi	Y	丝兰（yucca）	tsah-as-zih
M	老鼠（mouse）	na-as-tso-si	Z	锌（zinc）	besh-do-gliz

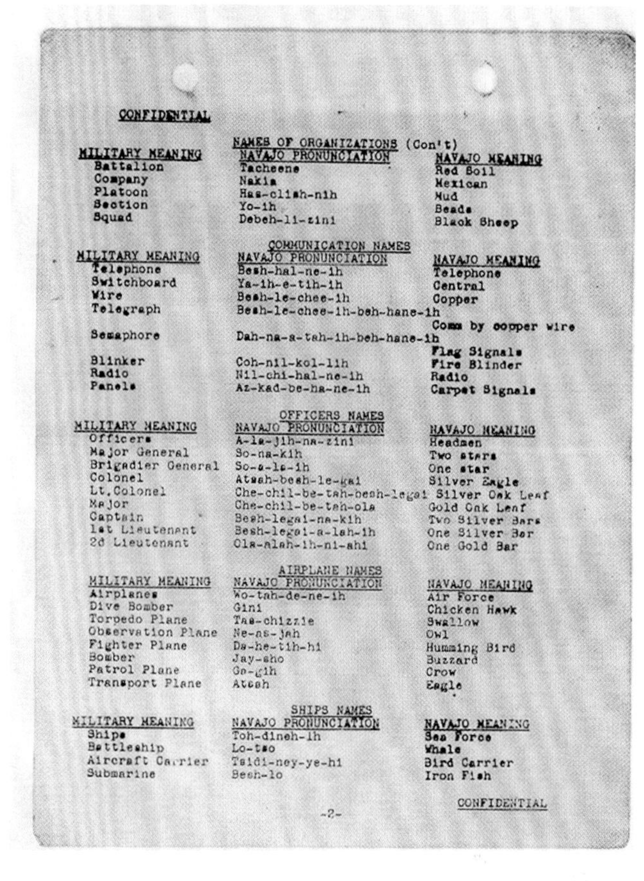

CONFIDENTIAL

NAMES OF ORGANIZATIONS (Con't)

MILITARY MEANING	NAVAJO PRONUNCIATION	NAVAJO MEANING
Battalion	Tacheene	Red Soil
Company	Nakia	Mexican
Platoon	Has-clish-nih	Mud
Section	Yo-ih	Beads
Squad	Debeh-li-zini	Black Sheep

COMMUNICATION NAMES

MILITARY MEANING	NAVAJO PRONUNCIATION	NAVAJO MEANING
Telephone	Besh-hal-ne-ih	Telephone
Switchboard	Ya-ih-e-tih-ih	Central
Wire	Besh-le-chee-ih	Copper
Telegraph	Besh-le-chee-ih-beh-hane-ih	Comm by copper wire
Semaphore	Dah-na-a-tah-ih-beh-hane-ih	Flag Signals
Blinker	Coh-nil-kol-lih	Fire Blinder
Radio	Nil-chi-hal-ne-ih	Radio
Panels	Az-kad-be-ha-ne-ih	Carpet Signals

OFFICERS NAMES

MILITARY MEANING	NAVAJO PRONUNCIATION	NAVAJO MEANING
Officers	A-la-jih-na-zini	Headmen
Major General	So-na-kih	Two stars
Brigadier General	So-a-la-ih	One star
Colonel	Atsah-besh-le-gai	Silver Eagle
Lt.Colonel	Che-chil-be-tah-besh-legai	Silver Oak Leaf
Major	Che-chil-be-tah-ola	Gold Oak Leaf
Captain	Besh-legai-na-kih	Two Silver Bars
1st Lieutenant	Besh-legai-a-lah-ih	One Silver Bar
2d Lieutenant	Ola-alah-ih-ni-ahi	One Gold Bar

AIRPLANE NAMES

MILITARY MEANING	NAVAJO PRONUNCIATION	NAVAJO MEANING
Airplanes	Wo-tah-de-ne-ih	Air Force
Dive Bomber	Gini	Chicken Hawk
Torpedo Plane	Tas-chizzie	Swallow
Observation Plane	Ne-as-jah	Owl
Fighter Plane	Da-he-tih-hi	Humming Bird
Bomber	Jay-sho	Buzzard
Patrol Plane	Ga-gih	Crow
Transport Plane	Atsah	Eagle

SHIPS NAMES

MILITARY MEANING	NAVAJO PRONUNCIATION	NAVAJO MEANING
Ships	Toh-dineh-ih	Sea Force
Battleship	Lo-tso	Whale
Aircraft Carrier	Tsidi-ney-ye-hi	Bird Carrier
Submarine	Besh-lo	Iron Fish

CONFIDENTIAL

-2-

上图： 纳瓦霍语密码。

这种密码被认为是成功的，到1942年8月时，一支由27名密语者组成的团队登陆瓜达尔卡纳尔岛，美国及其盟国正在这里与日本人展开一场残酷而艰苦的战役。他们是1942年至1945年间参与了美国海军陆战队在关岛、硫黄岛、冲绳、贝里琉岛、塞班岛、布干维尔岛和塔拉瓦岛等地发动的每一场攻击的一共420名纳瓦霍密语者的第一批。

这些纳瓦霍族信号员发挥了关键作用。在硫黄岛，海军陆战队第5师通信官霍华德·康纳少校（Major Howard Connor）让6名纳瓦霍密语者在战斗的前2天全天候工作。这6人发送和接收了超过800条消息，无一出现差错。康纳少校宣称："如果不是这些纳瓦霍人，海军陆战队永远无法拿下硫黄岛。"

实际上，纳瓦霍语密码对于日本的密码破解员一直是不可逾越的。在战争结束时，日本情报部门负责人有末精三（Seizo Arisue）中将承认，虽然日本军方破解了美国空军密码，但是他们对纳瓦霍语密码却没有取得进展。

纳瓦霍密语者的故事如今已为全世界熟知，但是为了美国的国家安全，他们和他们的密码一直到1968年都还处于保密状态。最终在1982年，美国政府通过将8月14日设立为"国家纳瓦霍密语者日"来纪念他们。最开始的一批密语者被授予国会金质奖章，后续的密语者获得了国会银质奖章。

冷战中的密码战

早在二战期间，冷战就已经开始有苗头了，尽管当时美国和苏联还是盟友。1943年初，SIS在弗吉尼亚州的阿灵顿厅（Arlington Hall）建立了监听苏联外交通信的秘密计划。该计划名为维诺那（Venona），由前教师吉恩·格拉贝尔（Gene Grabeel）发起。战争结束时，语言学家梅雷迪思·加德纳（Meredith Gardner）加入了格拉贝尔的行列，他在战争中研究过一些德国和日本密码，而且在后面的27年里成为维诺那计划的主要译码员和分析师。

美国人后来发现，维诺那计划对付的每一条信息都是使用5套不同的系统之一加密的，这取决于它们的发送者。克格勃（KGB）、苏联陆军总参谋部情报局、苏联海军情报局、外交部门和贸易代表各使用一套不同的系统。前考古学家理查德·哈洛克中尉（Lieutenant Richard Hallock）是破解贸易代表发送信息的第一人。第二年，另一位密码学专家塞西尔·菲利普斯（Cecil Phillips）对克格勃信息使用的加密系统有了基本的了解，但是还需要两年高强度的密码分析工作才能读取信息。

苏联人使用的所有密码方案都涉及双重加密。第一层加密是使用编码簿中的一系列数字代替单词和短语。为了让信息进一步错乱，还会从一张印刷版上抽取随机数字加入信息，发送者和接受者都有同样的印刷版。如果这些“一次性”密码本（one-time pad）被苏联人正确使用——只使用一次，而不是重复数次使用——信息就很有可能保持不被破解的状态。但是有些一次性密码本有重复页，而且这些印刷版落入了盟军手中，这给阿灵顿厅的密码分析员们提供了一条深入研究克格勃信息的路径。

维诺那计划的密码分析员在1946年年底解密的一条信息列出了参与曼哈顿原子弹计划的科学家的名字。许多人相信，关于原子弹的这些以及其他信息让苏联人能够更迅速而且更廉价地开发自己的核武器——这是两个超级大国之间关系冷却过程的关键一步。

维诺那计划的3000条左右信息充满了代码名称，它们的作用是掩盖苏联间谍的真实身份，以及指代其他人名和地名，例如：

上图： 二战期间，一架B-24“解放者”轰炸机飞临太平洋硫黄岛上空，1944年12月13日。

代码名称	真实名称
船长（KAPITAN）	罗斯福总统
巴比伦（BABYLON）	旧金山
兵工厂（ARSENAL）	美国战争部
银行（THE BANK）	美国国务院
凶暴（ENORMOZ）	曼哈顿计划/原子弹

在维诺那计划中被破解的许多消息让美国知晓了克格勃间谍情报技术的相关信息——在间谍和反间谍活动中使用的实际方法，例如窃听器的使用。

下图： 大卫·格林格拉斯（左侧照片，左）和朱利叶斯·罗森堡（右侧照片，左）抵达法院，等待对他们参加间谍组织的宣判。

维诺那计划找出的一名苏联特工是朱利叶斯·罗森堡（Julius Rosenberg），1953年，他和妻子艾瑟尔（Ethel）在美国被执行死刑，罪名是从事威胁国家安全的间谍活动。他们的定罪和处决始终充满争议。夫妻俩的定罪证据来自艾瑟尔的弟弟大卫·格林格拉斯（David Greenglass），后者曾在洛斯阿拉莫斯国家实验室（Los Alamos）工作，并且说他曾将机密信息交给自己的姐姐和姐夫，然后他们又将信息交给了苏联人。格林格拉斯在维诺那信息中的代号是“口径”（Calibre）。

上图： 美国国家安全局的徽标。

然而，很多人认为格林格拉斯的证据是站不住脚的，并质疑了艾瑟尔·罗森堡的参与程度。实际上，当维诺那计划中的信息最终在1995年公开时，它们并未表明艾瑟尔牵连其中，不过它们的确说明朱利叶斯以“天线”（Antenna）和“自由”（Liberal）的代号参与了间谍活动。

1952年，哈利·杜鲁门总统成立了美国国家安全局（National Security Agency，简称NSA），将各个武装部门的情报机构合并在一起。一开始，它的总部准备设在肯塔基州的诺克斯堡（Fort Knox），那里更以其金条储备闻名，但总部最终设在了马里兰州的米德堡（Fort Meade），至今仍在那里。

20世纪50年代，由于对叛逃者的日益依赖，美国的密码分析技术在当时的情报工作中似乎退居次要地位。不过，维诺那计划对战时信息的研究一直持续到1980年，而且许多在20世纪六七十年代被发现的苏联特工之所以暴露，都是因为维诺那计划的持续运作。直到1995年，维诺那计划对付的所有3000条信息才全部公之于众，解释了密码分析技术在冷战中的作用。

第五章

棋高一着的数字加密

在网络时代，强大的数字加密技术固若金汤，从公钥加密、因式分解到高级加密标准。

犯罪分子常常使用密码和编码隐藏他们活动的性质。在过去的100年里，执法当局必须成为密码破解方面的专家，才能领先于这些违法者一步。然而，攫取巨大财富的前景促使犯罪分子从简单密码发展到高度复杂的技术，为他们的非法活动保密。

与此同时，使用通信渠道进行交易的合法企业（例如互联网银行和在线商店）要想对客户财务细节保密，不得不求助于加密技术。与此同时，黑客和犯罪分子也开始染指密码分析，想要将漂浮在全球各地价值数十亿英镑的资金转移一部分到他们自己的银行账户里。

密钥交换问题

如果拥有令加密信息基本或者完全无法破解的方法，为什么还会有人想使用更弱的加密方式呢？答案是，在真实世界中，像那样非常安全的加密系统可能并不实用。如果加密过程花费太多时间，那么你可能需要选择一种以部分安全性换取速度的方法。

对于任何想发送加密信息的人，另一个问题是如何让接收人知道这

对页图：光纤电缆。

上图： 英国政府通信总部，是英国从事通讯、电子侦察、邮件检查的情报机构，与著名的英国军情五处、军情六处合称为英国情报机构的“三叉戟”。

条信息一开始是如何加密的。对于像字母替换式密码这样的密码，问题在于，一旦窃听者知道了加密方案，所有后续信息都可以轻松读取。

一套名为公钥加密（public-key encryption，简称PKE）的系统可以解决这两个问题。然而，它实际上使用了两个密钥：一个是公开的，另一个是保密的。两个密钥均由受信任的认证机构颁发。公钥以电子证书的形式保存在目录中，任何想与其持有者进行通信的人都可以访问。公钥和私钥本质上都是在数学上相关的多位数。这意味着二者任意之一都可以用来加密信息，只要解密它时使用的是另外一种密钥。

20世纪70年代初，供职于英国政府通信总部（Government Communications Headquarters，简称GCHQ，即布莱切利园的研究工作催生出的机构）的詹姆斯·埃利斯（James Ellis）、克利福德·科克斯（Clifford Cocks）和马尔科姆·威廉姆森（Malcolm Williamson）开展了关于公钥加密的第一项研究工作。然而，这项工作被认为十分机密，直到1997年才终于公开。与此同时，这一概念被美国斯坦福大学的惠特菲尔德·迪菲（Whitfield Diffie）和马丁·赫尔曼（Martin Hellman）独立构思出来，因此它有时被称为迪菲-赫尔曼加密。

然而，对于密码破译员而言，知道这两个密钥在数学上相关并不足以形成线索，因为从一个密钥推导出另一个密钥被认为十分困难，基本上是不可能的。对称密码是指使用相同密钥加密和解密的密码，例如简单的字母替换式密码。因此，使用不同密钥加密和解密信息的过程意味着这种密码是非对称的。

公钥加密的主要优势之一是，不需要中央数据库来验证密钥，从而减少了密钥在验证过程中被窃听你的通信渠道的窃听者截获密钥的可能性。

将公钥加密应用于现实世界

英国政府通信总部和斯坦福大学的研究工作为公钥加密奠定了基础，而麻省理工学院的三名研究人员罗纳德·李维斯特（Ronald Rivest）、阿迪·沙米尔（Adi Shamir）和伦纳德·阿德尔曼（Leonard Adleman）的突破性进展让它能够应用于实践。这三人发现了一种可以轻松地将公钥与私钥相关联的数学方法，而且它还能实现数字签名的交换——一种确认发送方身份的电子方法。他们的方法涉及因数和质数。

对于任何给定数字，它的因数是指那些能够整除该数字（即不产生余数）的整数。例如，数字6的因数是1、2、3和6，因为6可以这些数字中的每一个整数而不产生余数。数字4不是6的因数，因为6除以4，商为1，余数为2。质数是只有两个因数的数字——它本身和数字1。我们可以很明显地看出数字6不是质数，因为它有4个因数。相比之下，数字5仅能被自身和1整除，因此是质数。

牢记这个定义，我们可以列出最前面的一批质数——2、3、5、7、11、13、17、19、23、29和31。数字1不被视为质数，因为它只有一个因数。将上述清单中最大的两个质数相乘，即29×31，是个很快的过程。在计算器上，这是一件微不足道的小事，只需几秒即可完成。你大概还能用铅笔和纸较快地完成这件事，甚至可以在不太长的时间内心算出结果，只要你选择捷径，先计算30×31，再减去31即可得到899这个数字。

但是如果想反向解决这个问题，难度就大多了。如果给你899这个数字，并询问它的两个因数是什么，用计算器解决可能需要1个小时，用铅笔和纸需要1天，心算的话需要1周。

随着质数变得更大，解决该问题所花费的时间会越来越长。在本书写作期间，最大的质数是在2018年发现的，其位数超过2400万。虽然这意味着将两个这样的数字相乘不是你的普通台式计算机能够做到的事情，但是只需少量的运算容量，你还是能够把它算出来。相反过程耗费的时间简直难以想象。然而，正如任何挑战一样，总是有人愿意尝试。最近破解232位密钥的一次成功尝试花费了相当于超过2000年的计算时间。

质数的这种数学特性是李维斯特、沙米尔和阿德尔曼提出的办法的基础。三人成立的RSA安全公司估计，如今的应用软件一共使用了超过10亿份RSA加密标准。RSA的一种热门产品是名为SecurID的硬件令牌，它可以帮助识别想要远程访问公司IT系统的用户。用户使用虚拟专用网络（一种电子安全隧道）登陆他们的企业系统。每个用户都配备一个载有液晶显示屏的钥匙扣状小型终端。显示屏上会出现一个6位数字，并且每60秒改变一次。要想访问系统，用户需要调用一个登录页面，并输入一个说明其身份的数字代码，加上当时显示在终端屏幕上的6位数字，然后输入预先设置的密码。他们所知道的东西（密码）和他们所拥有的东西（钥匙扣状终端）的这种结合正逐渐成为识别身份的常用方法。这种方法被通称为双因素身份认证（two-factor authentication）。

高级加密标准

20世纪70年代中期，美国国家标准局（National Bureau of Standards，简称NBS）邀请有关方面就如何加密未经审查但敏感的政

上图：麻省理工学院。

府数据提供想法。IBM计算机公司提出了使用一种对称分组加密算法（symmetric block cipher）的想法，这种密码用于固定长度的数据块，并使用相同的密钥进行加密和解密。

1977年，该密码的升级版本——名为数据加密标准（Data Encryption Standard，简称DES）被迅速发布和采用。DES使用64位的数据块大小和同样大小的密钥，不过密钥中只有56位直接用于密码，其余部分用于减少传输过程中出错的可能性。

RSA安全公司向能够破解DES密码的组织和个人悬赏，作为回应，电子前沿基金会（Electronic Frontier Foundation，简称EFF）专门建造了一台名为“深度解密”（Deep Crack）的机器，它可以使用暴力破解快速检查所有256种可能的密钥。1999年，EFF的演示表明它可以在不到一天的时间里完成这个过程。

DES密码的一个升级版本——名为3DES（Tripled ES）——在那一年被采用，但是随着计算机处理能力的增加，DES最终被证明是不安全的，并在2002年被高级加密标准（Advanced Encryption Standard，简称AES）取代。

高级加密标准是两名比利时密码学家琼·德门（Joand aemen）和文森特·赖伊曼（Vincent Rijmen）设计的，使用（下文见第140页）

黄道十二宫杀手

一名连环杀手在报纸上刊登一封加密信，如果这封信被解密，就会提供关于他身份的线索，这听上去像是B级片的情节。然而这确确实实是20世纪60和70年代真实发生在加利福尼亚湾区的事情。

在该地区犯下的至少7宗谋杀被认为是同一人所为。有人相信这名杀手可能一共杀死了30多人。

这名凶手与密码的联系来自该地区当地报纸的一系列通信。1969年，杀手将三份密码分别寄给《旧金山纪事报》(*San Francisco Chronicle*)、《瓦莱乔时代先驱报》(*Vallejo Times-Herald*) 和《旧金山观察家报》(*San Francisco Examiner*)，他或她宣称这些密码将解释谋杀背后的动机。

这些密码后来称为三段式密码，它们包括大约50个不同的字符，其中的一些与代表黄道十二宫的符号相似（见上图）。因此，这名杀手后来被称为“黄道十二宫杀手”(Zodiac killer)。

因为这种密码使用的符号超过26个，因此它不是简单的替换式密码。然而，教师唐纳德·哈登（Donald Harden）和他的妻子在几个小时之内就破解了这条信息：

I like killing people because it is so much fun it is more fun than killing wild game in the forest because man is the most dangerous animal of all to kill something gives me the most thrilling experience it is even better than getting your rocks off with a girl the best part of it is that when I die I will be reborn in paradise and those I have killed will become my slaves I will not give you my name because you will try to slow down or stop my collecting of slaves for afterlife.

对页图：黄道十二宫杀手的密码信息。

右图：黄道十二宫杀手写的一封信，以及一幅显示杀戮将在何处发生的地图。

This is the Zodiac speaking

I have become very upset with the people of San Fran Bay Area. They have not complied with my wishes for them to wear some nice ⊕ buttons. I promiced to punish them if they did not comply, by anilating a full School Buss. But now school is out for the sammer, so I punished them in an another way. I shot a man sitting in a parked car with a .38.

⊕-12 SFPD-0

The Map coupled with this code will tell you where the bomb is set. You have untill next Fall to dig it up. ⊕

CΔJI■OK⊥AMƎ▲ΩORTG
XOFDV⊕HCEL✚PWΔ

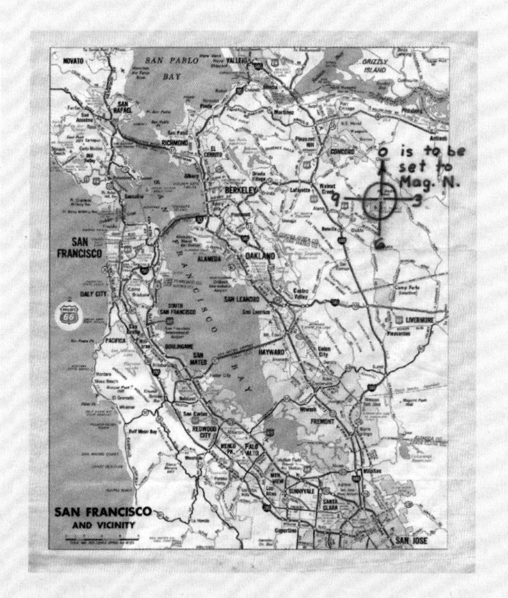

中文大意：我喜欢杀人因为这非常有趣这比在森林里杀死野生动物有趣因为人是所有动物中最危险的杀掉什么东西会给我最兴奋的体验它甚至比和女孩做爱还棒最棒的一点是当我死的时候我会在天堂重生而那些被我杀死的人将成为我的奴隶我不会告诉你们我的名字因为你们会试图拖慢或者阻止我对天国奴隶的采集

密文还包括另外18个似乎使用同一方法加密的字符。在破解这种密码时，夫妇二人假设凶手会自负地以“我”（I）作为信息的开头，而且这条信息包括单词“杀戮”（kill或killing）。如你所见，这些假设都是正确的。这些有根据的猜测或“密文猜字”长期以来一直是密码破译员的工具箱的重要组成部分。

事实证明，这个三段式密码是一种同音异字替换式密码（详见第一章）。它使用数个密文字符代表明文文本中的每个字符，从而阻碍倾向于使用频率分析法的密码破译员。

杀手继续给当地报纸寄信，其中一些信也含有密码，而且一些密码至今尚未破解。有一封信似乎在密文中揭示了杀手的名字。最著名的未解决密码是所谓的“340密码”，这个名字是因为密文包含340个字符。

这段密文含有63种不同的字符，意味着它不是简单的单套字母替换式密码，否则只会有26种不同字符。虽然数人宣称使用多套字母方法解决了340密码，但到目前为止，这些解决方案都没有得到广泛接受。对付340密码的密码破译者尝试了许多种破解方法。查看每一行与每一列字符重复情况的复杂统计分析让一些密码学专家相信，340密码使用了一种与三段式密码相似的方案进行了加密，但是明文中的某些单词是反着写的。

来自杀手的通信自1974年毫无预兆地停止了。凶手从未被发现或者最终确定身份。

密码分析

公钥加密

下面是公钥加密如何工作的非常简化的示例。我们首先选择两个质数P和Q。在现实世界中，这两个数字将有数百位，但是为了便于说明，我们让P为11，Q为17。

我们首先令P与Q相乘，得到181。这个数字称为模数（modulus）。然后我们在1和模数之间选择一个随机数字，该数字称为E，在这个例子里它是3。

接下来，我们需要找到任意数字D，令（$D \times E$）–1可被（P—1）×（Q–1）整除。在我们的例子中，（P–1）与（Q–1）相乘（即10×16）得到160。320可被160整除（即没有余数），于是我们可以找到这样一个D值：

如果（$D \times E$）–1＝320

而且我们已经选择E为3

那么D＝107

在这个非常简化的例子中，D的值是一个整数，使得计算尽可能容易。需要注意的是，这并不是D唯一可能的值，因为我们可以选择某个不同的E值，或者选择使用480或640或者无数其他数字代替320。

虽然听上去像是某种数学把戏，但是除非你知道P和Q各自的值，否则几乎无法根据E计算D的值，反之亦然。

现在让我们返回到公钥和私钥的问题上。我们与每个人分享的公钥实际上是两个数字——模数（$P \times Q$）和数字E，在我们的例子里就是181和3。私钥是数字D，在我们的例子里是107。我们不想泄露P和Q各自的值，却将模数（$P \times Q$）告诉所有人，这看似令人吃惊，但其实是这种技术的核心所在。如果P和Q的值足够大，通过对模数进行因式分解将它们找出需要花费的时间几乎是永恒。

然后我们使用这些密钥对信息中的字符进行加密和解密。让我们对字母表中的字母进行编号，令A＝1，Z＝26。要加密任何特定字符，我们会对它进行更多计算。假设我们要加密字母G，第7个字母，于是我们会从数字7开始。

首先，我们计算7的*E*次幂。“*E*次幂”是数学术语，指的是将同一个数字相乘*E*次，所以7的2次幂是$7 \times 7 = 49$，等于7的平方；7的3次幂是3 is $7 \times 7 \times 7 = 343$，等于7的立方。

然后，我们使用一种名为模运算（modular arithmetic）的方法，这意味着你在达到一个固定值（称为模数）之后就会绕回来。模运算的一个很好的例子是看时间，它实际上是基于模数12的模运算（例如，10点再过5个小时不是15点，而是3点，因为抵达12点时，你会将时间重置到零）。

我们已经计算出了模数$P \times Q$的值，即181。数字343在使用模数181的模运算中等于162。这个数字就是我们的字母G加密后的形式。

于是，我们将数字162和我们的私钥D（在本例中为107）发送给接收人，后者将执行类似的操作以解密信息。接收人计算162的107次幂，再次使用同样的模运算。可以想象，用162乘107次会得到一个绝对巨大的数字。实际上，它近似2后面加236个零。但是我们使用了模运算，如果我们每次到181时都将总数重置为零，最后会得到数字7。解密后的字符是7——字母G。于是我们的接收人收到了信息的第一个字母，而我们可以按照相同的方式继续，直到整条信息都被秘密发送。

如你所见，就连这个大大简化的例子也难以捉摸，而且它当然需要一台强大的计算机完成数学运算。如果我们使用了现代加密软件使用的那类数字，那么如果不用上一些世上最强大的计算机，就不可能完成相应的数学运算。

破解爱伦·坡的《格雷厄姆杂志》密码

数学和语言方面的基础训练帮助时年27岁的吉尔·布朗茨（Gil Broza）解开了一种已经困扰密码破译专家150多年的密码。

该密码首次现身是作为1841年12月刊登在《格雷厄姆杂志》(*Graham's Magazine*)上的一项挑战，出现在密码爱好者兼小说家埃德加·爱伦·坡（Edgar Allen Poe）的一篇文章里。爱伦·坡此前曾邀请读者向该杂志提交加密文本，然后由他破解。当这一系列文章结束时，爱伦·坡宣称自己已经将它们全部破解——不过他没有发表它们的解密结果。在为该系列文章收尾时，他发表了据说是由某位WB. 泰勒先生（Mr WB Tyler）提交的两种密码，并向读者提出了破解它们的挑战。

这两种密码本来已经被遗忘了，直到达特茅斯学院的路易斯·伦扎教授（Professor Louis Renza）提出一种理论，认为WB. 泰勒正是爱伦·坡本人，对它们的兴趣才被再次点燃。20世纪90年代，威廉姆斯学院的肖恩·罗森海姆（Shawn Rosenheim）在为他的书《密码学的想象力：从埃德加·坡到互联网的秘密书写》(*The Cryptographic Imagination: Secret Writing from Edgar Poe to the Internet*) 做调研时进一步思考了这个想法。

在这项研究的推动下，第一个密码最终在1992年被现供职于伊利诺伊大学芝加哥分校的特伦斯·惠伦教授（Professor Terence Whalen）破解。其明文原来是约瑟夫·艾迪生（Joseph Addison）1713年创作的一部剧本的摘录，并使用单套字母替换式密码加密。

第一个段落的解密让密码破译员们将注意力集中在第二段上。1998年，罗森海姆向密码破译者提出解开第二种密码的挑战，并为能够解决它的人设置了2500美元的奖金。

应征而来的解决方案有数千条，它们全都由罗森海姆和另外两名学者进行仔细的检查。2000年7月，吉尔·布朗茨提交了一份解决方案，但它直到10月份才被罗森海姆接受，据布朗茨说，这可能是“因为他们有点震惊，该文本和他们的预期竟然毫不相符”。

或许令人惊讶的是，布朗茨并不是以英语为母语的人。他在以色列长大，直到14岁才开始阅读英语文学。他对密码破译的初次接触来自谜语杂志中的密码。这些谜语是使用替换式密码加密的简短文本，可以通过频率分析法和寻找词语规律解决。

在解决该密码时，布朗茨做了几个假设。第一个假设是明文是英语写的，考虑到1992年破解的密码就是英语明文，这个假设是合理的。第二个假设是密文中的文本间断与明文中的单词间断互相对应。最后，密文中相似单词如aml、anl和aol的重复出现让他相信，它是使用多套字母替换式密码加密的。所有三个假设最终都被证明是正确的。

布朗茨需要两个月的夜间工作才能将该密码破解。他的第一步是对字母和单词的频率分析法，密码分析员的一种传统方法，并特别着重于尝试查找单词“the”（英语中的定冠词，出现频率高且有一定规律）的出现。但是这并未揭示出什么有用的东西。“然后我尝试使用计算机程序来识别更长单词和组合的可能候选。”这些程序提供帮助的方法是，将共用数个字符的非连续密码词的词群与互联网上的单词清单［包括《拼字游戏》（*Scrabble*）使用的单词清单］匹配对比：

> 一个月后，当事实证明这些方法无济于事时，我断定唯一可能的原因是错误过多，这些错误既包括加密错误也包括转写错误，它们发生在印刷机为大概是手写的密码排版时。确信每两三个单词中就有一个很可能拼错了，我决定宽大对待那些看起来并不马上被看好的“the”替换词。

这种计算机辅助方法产生了一些看上去像英语的残缺单词，经过大量艰苦的工作之后，明文被揭露出来：

> *It was early spring, warm and sultry glowed the afternoon. The very breezes seemed to share the delicious langour of universal nature, are laden the various and mingled perfumes of the rose and the jessamine, the woodbine and its wildflower. They slowly wafted their fragrant offering to the open window where sat the lovers. The ardent sun shoot fell upon her blushing face and its gentle beauty was more like the creation of romance or the fair inspiration of a dream than the actual reality on earth. Tenderly her lover gazed upon her as the clusterous ringlets were edged by amorous and sportive zephyrs and when he perceived the rude intrusion of the sunlight he sprang to draw the curtain but softly she stayed him.*

'No, no, dear Charles,' she softly said, 'much rather you'ld I have a little sun than no air at all.'

中文大意：那是早春时候，午后温暖潮润。微风似乎带着自然的甜美慵懒，充满了玫瑰和茉莉、铁线莲以及各式野花的各种混合香气。它们芬芳的奉献慢慢飘到那扇打开的窗户旁边，那里坐着这对爱人。热烈的阳光照在她泛起红晕的脸上，这张温柔美丽的脸更像是浪漫的创造或者来自美梦，而不是尘世间的真实。她的爱人温柔地凝视着她，多情的微风在她浓密的卷发旁嬉戏，此时他注意到了阳光的粗暴侵入，于是他站起身去拉上窗帘，但她轻轻地拦住了他。"别，别，亲爱的查尔斯，"她轻声说道，"你我宁可有一点阳光，也比没有空气好。"

"当解密完成时，我对错误的假设得到了证明——大约7%的字符是错误的。"他说。例如，第一句中的单词"warm"（温暖）实际上解译成了"warb"，而第二句里的单词"langour"（慵懒）成了"langomr"。由于明文是从一本书里摘录的段落，因此找出错误相对容易。在第一行那个位置，除了"warm"，还可能会是别的什么单词呢？如果出现了更多错误，或者明文是一长串银行账号，那么找出这些错误几乎是不可能的。

布朗茨是否相信存在某种牢不可破的代码？"频率分析法、模式和匹配——这些都是死胡同。除非你找到其他窍门，例如窃听消息源和目标，否则加密将会牢不可破。我不相信存在完全不可破解的东西，但这只是因为它们是为人类的交流服务的，而人类总会犯错。问问任何一个正在尝试使用代码写日记的孩子吧。"

密码分析

找出因数

找出数字的因数可以用许多方法完成。假设我们想找出数字12的因数。我们也许可以想象12颗卵石，以此实现该过程的可视化：

○○○○○○○○○○○○

这12颗卵石可以用多种方式平均分配：

○○○○○○○○○○○○	1份12颗
○○○○○○ ○○○○○○	2份6颗
○○○○ ○○○○ ○○○○	3份4颗
○○○ ○○○ ○○○ ○○○	4份3颗
○○ ○○ ○○ ○○ ○○ ○○	6份2颗
○ ○ ○ ○ ○ ○ ○ ○ ○ ○ ○ ○	12份1颗

这些是平均分配12颗卵石仅有的方法，于是卵石右边的数字表示数字12仅有的因数。数字1和12称为12的“平凡”因数。

实际上，你可以在数学上重复同样的过程，使用目标数字除以从2开始的每一个整数，找到所有不产生余数的数字——它们就是目标数字的所有非平凡因数。

这种数学方法称为试除法（trial division），是最耗时的因数分解方法，因为你必须逐个尝试到目标数字的一半，才能找到所有因数。（你会发现没有理由超出目标数字的一半，因为对于后半部分的数字，除了目标数字的平凡因数本身，总是会产生余数。）

对于12这样的数字，使用一堆卵石或者试除法进行因数分解只需要寥寥数秒，但是对于非常大的数字，就要花费大量时间了。用作现代密钥的那类数字都拥有庞大的位数，可能需要花费一生的时间才能找全它们的因数。对于密码破译者而言万幸的是，除了试除法还有其他因数分解方法，尽管这些方法通常涉及极为复杂的数学。

（接第131页内容）128位、192位或256位密钥（名为AES—128、AES—192和AES-256）加密长度为128位的数据块。这种加密涉及信息中移列和交换数位的各种循环，并且要对数位执行异或运算。

目前从未出现让窃听者能够读取AES加密信息的公开已知攻击。话虽如此，但如今有很多已经发表的对AES的理论攻击，与完全的暴力破解攻击相比，它们能够以更快的速度解密信息。然而，完成这种攻击所需的时间实际上是不可行的。例如，在所谓的biclique攻击后面是数学图论的一个分支。人们在2011年发现这种攻击方法比暴力破解攻击快4倍。吹哨人爱德华·斯诺登（Edward Snowden）的爆料表明，美国国家安全局曾经一直在寻找破解AES的新方法。

由于用于公钥加密（PKE）的密钥极长，而且找到这些密钥所需的数学方法越来越复杂，现代密码破译如今基本上超出了感兴趣的业余爱好者的能力范围，而是数学家们的专门活动。但是，利用大数字因数分解的难度的加密系统中可能存在漏洞，这种诱人的可能性仍然存在。尽管到目前为止发现的因数分解方法在数学上都很复杂，但仍然可能存在某种更简单的方法。

打造安全的互联网

虽然我们通过电子邮件发动的许多信息都是琐碎小事，但有时候我们还是想要确保没有人可以窥探到我们所说的话。例如，如果你在申请一份新工作，那么你最不想发生的事情就是你的现雇主发现这件事。

加密电子邮件的一种方式是使用名为“优良保密协议”（Pretty Good Privacy，PGP）的软件包，它结合了传统密码体系和公钥加密的元素。PGP由菲利普·R. 齐默尔曼（Philip R. Zimmermann）创造，并于1991年在互联网讨论系统友思网（Usenet）上免费提供。PGP软件根据你的鼠标移动和键入方式生成随机密钥。然后这种随机密钥用于加密你的消息。

下一阶段是使用公钥加密，但是用公钥加密的不是信息本身，而是上一阶段使用的随机密钥，然后将公钥加密后的随机密钥与使用随机密钥加密过的信息一起发送。当收件人收到你的消息时，他们不会用

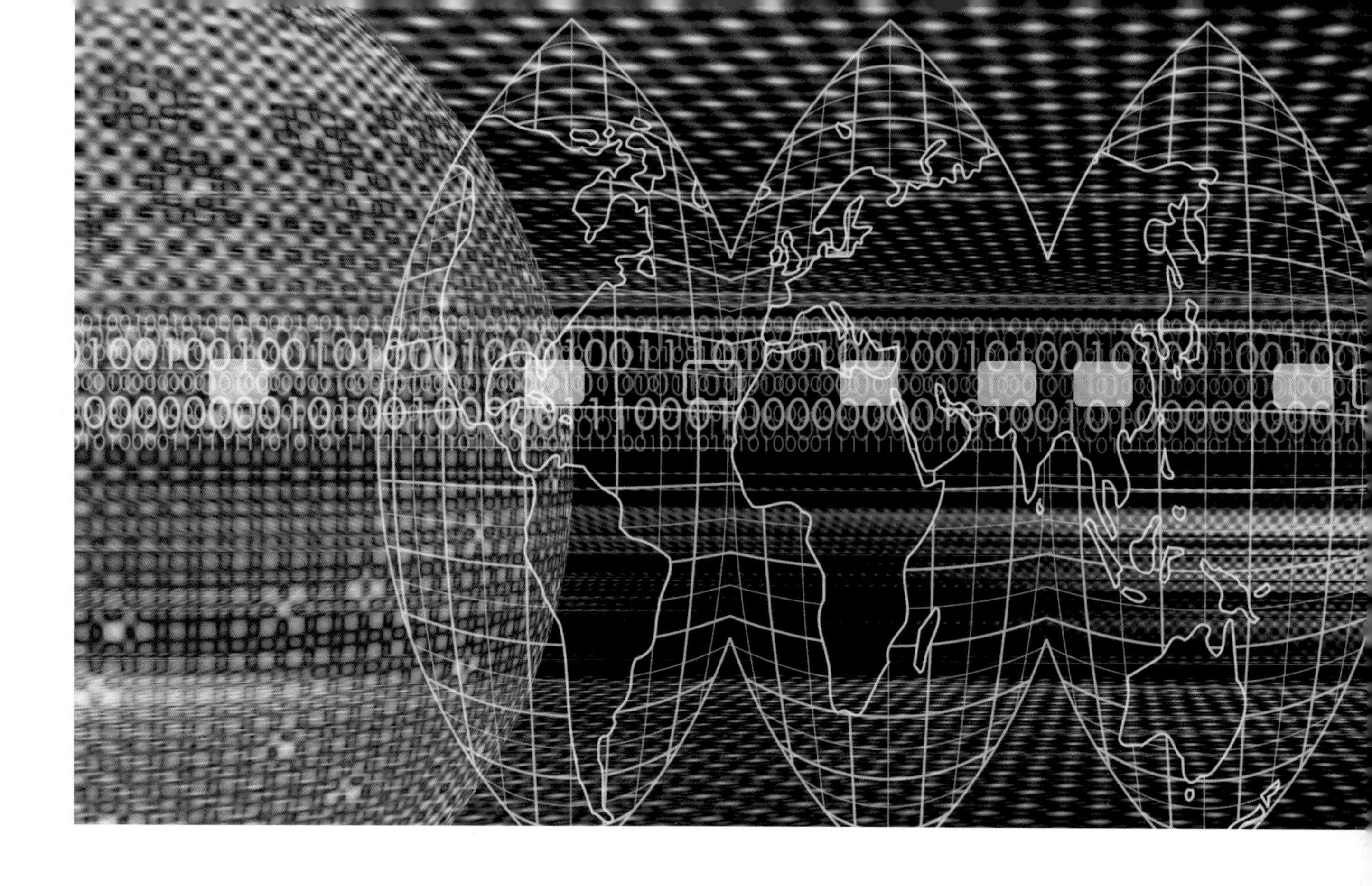

私钥解密信息，而是先解密随机密钥，然后用它解密附带信息。

上图： PGP和SSL为全世界的所有互联网和电子邮件数据提供安全。

PGP在友思网上的发表令齐默尔曼遭到美国政府的犯罪调查，美国政府声称，以这种方式发表PGP违反了美国对加密软件的出口限制。之所以当初设置这种限制，是因为美国政府不希望强大的密码技术得到普及。尽管国家安全局的密码分析师毫无疑问能够破解使用PGP软件和短二进制密钥加密的任何信息，但不确定的是使用长密钥加密的信息能否被破解。美国政府在1996年1月撤销此案，然而总检察长拒绝对这样做的原因发表评论。

当你访问“安全”网站时也会使用加密。可以通过浏览器窗口中出现的小挂锁标识来识别这种网站，而且它们的网址开头是https而不是http。这样的网站使用的是名为传输层安全协议（Transport Layer Security，简称TLS）的技术以及它的上一代技术安全套接层（Secure Sockets Layer，简称SSL）。实际上，TLS和SSL使用如前所述的公钥加密来保护你和你与之对话的计算机之间的连接。例如，想要侵入你的银行账户详细信息的密码破译者，与试图破解使用相同加密方案发送的信息的密码破译者一样，都面临着同样的挑战。

小说中的代码

**53++!305))6*;4826)4+.)4+);806*;48!8`60))85;
]8*:+*8!83(88)5*!;46(;88*96*?;8)*+(;
85);5*!2:*+9;4956*2(5*–4)8`8*;4069285);)6
!8)4++;1(+9;48081;8:8+1;48!85;4)485!52880
6*81(+9;48;(88;4(+?34;48)4+;161;:188;+?;**

左图： 埃德加·爱伦·坡的《金甲虫》中的编码信息。

对页图： 阿瑟·柯南·道尔（1859—1930年），夏洛克·福尔摩斯系列探案集的作者。

美国小说家埃德加·爱伦·坡着迷于密码和编码。他笔下最著名的故事之一《金甲虫》（*The Gold Bug*）的情节以发现于一块羊皮纸上的编码信息为核心。

其中一位主人公使用频率分析法技术解开了这段信息（见下文），它似乎是在指示一个名叫基德（Kidd）的海盗埋藏的财宝的位置：

A good glass in the bishop's hostel in the devil's seat forty-one degrees and thirteen minutes northeast and by north main branch seventh limb east side shoot from the left eye of the death's-head a bee-line from the tree through the shot fifty feet out.

中文大意：一面好镜子在毕肖普旅舍魔椅东北偏北41° 13'主分支第7根枝丫东侧从骷髅头左眼射击从树前引一直线穿过子弹并向外延伸15米（约50英尺）。

《金甲虫》不是爱伦·坡唯一使用过密码的写作。1839年至1841年，他在费城报纸《亚历山大信使周报》（*Alexander's Weekly Messenger*）以及期刊《格雷厄姆杂志》中撰写了大量关于密码的内容，并向他的读者征集密码供他破解。他写道："让我们来检验它。让任何人以这种方式给我们写一封信，我们保证立即读取它——无论信中使用多么不寻常或随意的字符。"爱伦·坡收到了相当多的应征信件，并在自己的专栏里发表了许多解决方案，尽管他从未揭示自己是如何破解它们的。不过发表于1843年的《金甲虫》的故事线或许提供了一些他如何做到的线索。爱伦·坡使用他在《格雷厄姆杂志》发表的最后一篇文章向他的读者发起挑战，看看有没有人能够破解据说是由一位WB. 泰勒先生发送的两种密码。后世之人花了150多年才将它们破解。

在阿瑟·柯南·道尔（Arthur Conand oyle）的《跳舞的人》（*Adventure of thed*

ancing Men）中，夏洛克·福尔摩斯面临破译同一加密系统加工的密码的挑战。在小说中，一位诺福克郡的乡绅娶了一位美国妻子，她让乡绅承诺永远不探究她来到英国之前的生活。结婚大约一年后，这位乡绅的妻子收到了一封来自美国的信，这封信显然令她大为震惊，但是却被她扔进了火里。此后不久，一系列由跳舞小人组成的信息似乎被潦草地写在这种乡村宅邸的墙上，还出现在宅邸各处的纸片上，它们似乎再次让乡绅的美国妻子感到不适。因为承诺过不就这件事询问自己的妻子，乡绅找来福尔摩斯解开这些信息的秘密。在收到几条信息之后，福尔摩斯匆匆前往诺福克郡，但是赶到之后却发现乡绅被开枪打死，他的妻子受了重伤。

和《金甲虫》中的罗格朗一样，福尔摩斯使用频率分析法解开这些信息。与罗格朗不同的是，福尔摩斯拥有数条可以用来揭示密码的信息，而且他的工作因为信息中使用的标记变得更加容易，据福尔摩斯的推断，这些标记代表单词中断点。多条信息还为他提供了足够多的字符，让他能够使用频率分析法并解密第一条信息。它写的是“我，亚伯·斯莱尼在此”（Am here Abe Slaney）。福尔摩斯发现有个叫亚伯·斯莱尼的人住在附近的一个农场里，然后福尔摩斯使用同样的密码向他发送了一条信息。斯莱尼原来是乡绅妻子的前未婚夫，还是一个歹徒，他所属的团伙创造了这种跳舞小人密码。

另一个福尔摩斯探案故事《恐怖谷》（*The Valley of Fear*）让这位侦探收到下面这样一条编码信息：

534C21312736314172141
DOUGLAS109293537BIRLSTONE
26BIRLSTONE947171

福尔摩斯算出，第一行的C2指的是第二列（Column 2），而534指的是某本书的页码。后面的数字指示了这列当中的一个特定单词。这条信息的发送者本来打算在第二条信息中揭露这本书的名字，但是又改变了主意。不过福尔摩斯算出用作该信息密钥的书是《惠特克年鉴》（*Whitaker's Almanac*），并解开了这条信息：

There is danger may come very soon one. Douglas rich country now at Birlstone House Birlstone confidence is pressing.

福尔摩斯的释义：有危险很快就要降临在某人身上。确实将要降临在富有乡绅道格拉斯身上，此人如今在伯尔斯通村的伯尔斯通庄园，火急。

尼尔·斯蒂芬森（Neal Stephenson）的《编码宝典》（*Cryptonomicon*）混合了密码破译的现实和虚构。这部小说的情节以第二次世界大战中的盟军机构2702部队为核心。它的成员包括虚构的密码学专家劳伦斯·沃特豪斯、对吗啡上瘾的海军陆战队士兵博比·沙夫托以及真实存在的密码学专家阿兰·图灵。

肯·福利特（Ken Follett）的《燃烧的密码》（*The Key to Rebecca*）是基于一个真实的故事改编的。福利特解释道："在1942年的开罗，有一个间谍组织以一座船屋为基地，该组织牵涉到一名肚皮舞演员和一个与她有染的英国少校。利益攸关的信息对正在沙漠中开展的战斗至关重要。"书中的编码系统使用一种一次性密码本（见第四章的讨论）加密信息。假设你想加密信息"The British attack at dawn"（"英国人在黎明发动攻击"）。然后你选择另一段文本作为加密信息的密钥，并让接收人知道这段文本。例如，我们可以选择"All work and no play makes Jack a dull boy"（"只工作不玩耍，聪明孩子也变傻"）作为密钥。然后，我们将两条信息的字母逐个写出，并在字母下方写出该字母在字母表中的位置，如下所示，然后再将互相对应的字母的数字相加。当两个数字之和大于26时，我们减去26，然后将得到的数字还原成相应字母（见下表）。因此，加密后的信息是Utqxgaetvehiqolzgelag。收信人知道使用的密钥，而且能够通过反向重复这一过程解开信息。即使信息被拦截，窃听者也需要知道密钥才能揭开它。在福利特的小说中，密钥是从达夫妮·杜穆里埃（Daphne du Maurier）的著名小说《蝴蝶梦》（*Rebecca*）中摘录的文本。

小说家丹·布朗对密码有深厚的兴趣。他的小说《数字城堡》（*Digital Fortress*）围绕

在字母表中的最初位置	T	h	e	B	r	i	t	s	h	a	t	t	a	c	k	a	t	d	a	w	n
	20	8	5	2	18	9	20	19	8	1	20	20	1	3	11	1	20	4	1	22	14
密钥在字母表中的位置	A	l	l	w	o	r	k	a	n	d	n	o	p	l	a	y	m	a	k	e	s
	1	12	12	22	15	18	11	1	14	4	14	15	16	12	1	25	13	1	11	5	19
和（若大于26则减去26）	21	20	17	24	7	1	5	20	22	5	8	9	17	15	12	26	7	5	12	1	7
加密字母	U	t	q	x	g	a	e	t	v	e	h	i	q	o	l	z	g	e	l	a	g

着国家安全局和一台能够破解任何密码的虚拟计算机万能解密机（translatr）展开，讲述了当万能解密机遇到某种它无法解开的东西时发生的种种事件。小说中没有展示密文，但是有对加密技术如旋转明文和字符串变异的预兆和暗示，对于真正的密码学专家，这些技术在小说中从未得到足够充分和详细的解释。不过，这本书的卷尾空页包含一项有趣的挑战。它是下面这样一系列数字：

128–10–93–85–10–128–98–112–6–6–25–126–39–1–68–78

要想破解它，你需要将这些数字按照从上到下的顺序排列在4×4的方框中：

128	10	6	39
10	128	6	1
93	98	25	68
85	112	126	78

这些数字指的是书中的章数。接下来用相应每章的第一个字母代替每个数字，就得到了信息We are watching you（“我们在看着你”）。

密码破译是布朗的另一本小说《达·芬奇密码》的核心。在这本书里，哈佛大学符号学家罗伯特·兰登破解了与莱昂纳多·达·芬奇的作品有关的一系列密码。在巴黎卢浮宫，他在一名被谋杀的美术馆馆长的尸体旁发现了用血写下的三行信息：

上图： 莱昂纳多·达·芬奇的《蒙娜丽莎》，它在丹·布朗的《达·芬奇密码》中是一条线索。

13–3–2–21–1–1–8–5

O, Draconiand evil!（啊，严酷的魔王！）

Oh, lame saint!（噢，瘸腿的信徒！）

兰登和法国密码学家苏菲·纳芙（Sophie Neveu）看出，第二行和第三行分别是Leonardo Da Vinci（莱昂纳多·达·芬奇）和The Mona Lisa（蒙娜丽莎）的异位构词。然后一条用笔潦草写在《蒙娜丽莎》上的信息（仅可见于紫外光下）指引他们前往全球各地旅行，试图找出馆长被杀的原因。这一行数字原来是一系列斐波纳契数字，也是一个瑞士银行账户的存取密码。

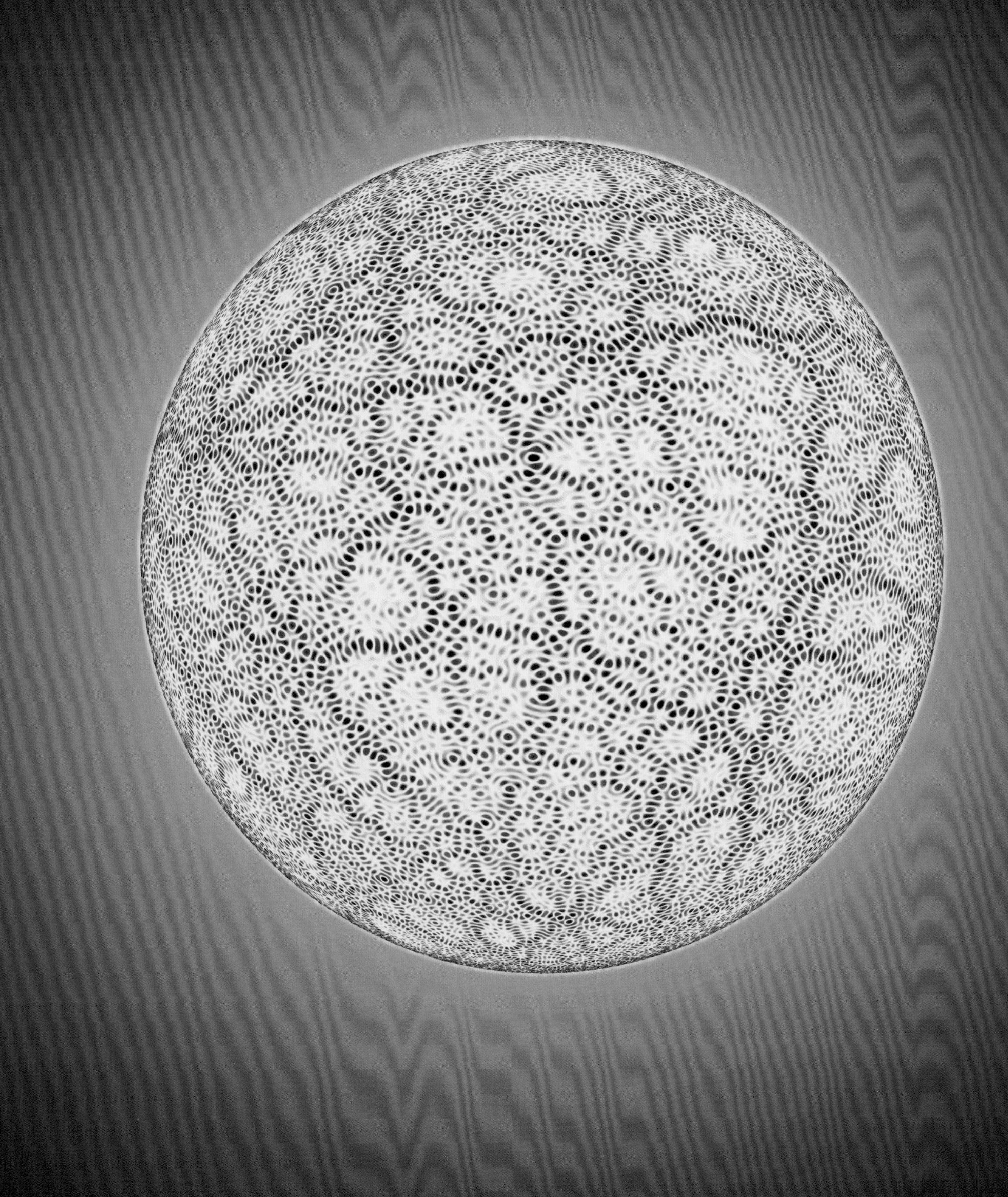

第六章

量子加密成就密码学未来

强大的量子密码是否意味着密码破解的终结?——密码学进入量子物理学和混沌理论领域。

1979年10月的一个阳光明媚的下午，年轻的加拿大计算机学家吉勒·布拉萨（Gilles Brassard）正在波多黎各的岸边享受惬意的海泳，此时一个完全陌生的人出乎意料地游了过来，和他开展了一场关于量子物理学的谈话。

“在我的职业生涯中，这大概是最古怪，也当然是最神奇的时刻，”吉勒·布拉萨说。那个陌生人很快表明了身份，他是查尔斯·贝内特（Charles Bennett），一位来自纽约的科学家，来到这座海岛的原因和布拉萨一样——参加电气和电子工程师协会（Institute of Electrical and Electronics Engineers）举办的一场会议。而这次水中会面绝不是随意的。贝内特之前就想和自己的这位加拿大同行聊一聊，因为他们都对密码学很感兴趣。数小时之内，两人开始共同构思一些激进的新想法，为一场永远改变了密码学性质的合作揭开序幕。

贝内特和布拉萨提出的概念很快导致了第一篇关于量子加密的科学论文的发表，这是一种很可能无法破解的全新加密技术。

在加密编码漫长而曲折的历史中，密码学的其他每一种形式（也

对页图： 计算机模型显示众多量子波路径叠加在一个球形表面，产生随机波，这是量子混沌的一个例子。

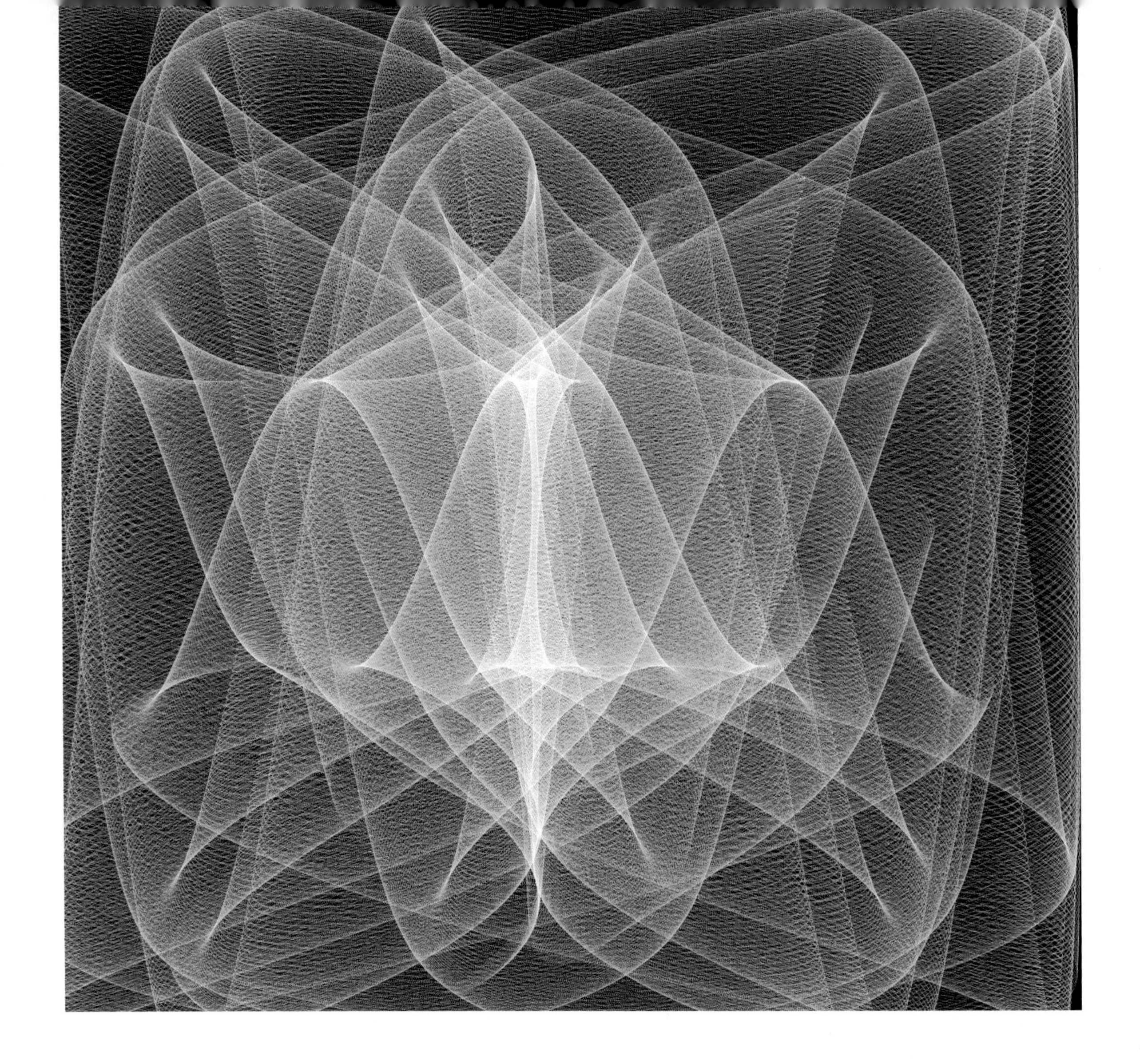

上图： 量子波模式。

许笨拙的一次性密码本除外）在密码破译员的技术面前都是脆弱的。但量子加密并非如此吗，它完美的安全性建立在物理学定律之上。

量子力学

量子物理学（quantum physics），又称量子力学（quantum mechanics），是解释世界运行方式的一种极为成功的理论框架。作为探究极小尺度事件的物理领域，它是建立亚原子粒子互相作用的准确数学模型的唯一方式。将近一个世纪的轰击实验证明了它的正确性。

但是，也无法否认量子力学的细节有点奇怪。仅举一个简单的例子，在一个较著名的量子物理学实验中，一个光粒子（称为光子，photon）被发现能够同时存在于两个地方（见154—155页）。

该理论还可能令人难以接受，因为它涉及的是概率，而不是确定性。爱因斯坦本人对其计算中固有的不确定性持有严重的怀疑。“量子力学的确令人印象深刻。但是内心的声音告诉我它还不是真实的东西。”1926年，他在给自己的同行物理学家马克斯·玻恩（Max Born）的信中写道。

物理学家布莱恩·考克斯（Brian Cox）认为，令量子力学如此难以把握的原因是，它迅速提出了关于宇宙如何如此存在的根本性问题。“量子力学对常识的挑战就出现在表面上，”考克斯说，“你不必深入思考就会遇到困难的问题。对于大多数理论，涉及‘为什么’的内容是隐藏的，但是对于量子力学，你却被迫进入更深层的东西（例如平行宇宙），因为它太奇特了。”

茶杯里的计算机

在过去的几十年里，科学家们意识到量子力学的某些违反直觉的方面能够对更强大计算机的制造产生巨大影响。1985年，就在布拉萨和贝内特发表他们关于量子计算的论文仅一年后，发生了里程碑式的重大事件。在那一年，牛津大学的杰出科学家大卫·多伊奇（David Deutsch）首次描述了一种通用量子计算机。

在他的书《真实世界的脉络》（*The Fabric of Reality*）中，多伊奇设想了这样一台计算机，它不像日常计算机那样在经典物理学的层面运转，而是在微小的量子水平上工作。在多伊奇的描述中，量子计算机是使用独一无二的量子力学效应执行特殊计算类型的机器，这些计算类型在经典计算机上根本无法完成。“因此，量子计算无非是一种利用自然的全新方法。”他写道。

量子力学中与计算机最相关的某些部分与名为叠加态（superposition）的概念有关。这个概念意味着任何量子元素可以同时处于几种不同的状态——而且只有在有人观测它时才会尘埃落定，表现出某种或另一种状态。

量子叠加现象意味着量子计算机将拥有难以想象的强大运算能力。

薛定谔的猫归来

上图：“薛定谔的猫”思想实验，猫同时以生存（橘黄色）和死亡（灰色）状态存在。

1935年，诺贝尔奖获得者、才华横溢的奥地利物理学家埃尔温·薛定谔（Erwin Schrödinger）在他发表的一篇文章中描述了一个假设实验，该实验常常用于帮助说明量子叠加态的概念。

在文章中，薛定谔请他的读者想象盒子里有一只猫。现在想象这个盒子里还有一个原子、一个辐射探测器和一个装有毒气的烧瓶。该原子在1个小时内衰变的概率是50%，如果它衰变，辐射探测器就会触动一个释放毒气的开关并杀死猫。

很显然，当实验者在一个小时之后打开盒子的盖子时，原子要么保持原样，要么已经衰变，而猫要么是死的，要么是活的。但是量子叠加态提出，在盖子被打开之前，猫同时处于两种状态：死的和活的。（薛定谔的意思并不是说他相信既死又活的猫真的存在。相反，他的观点是量子力学是不完整的，不能代表真实，至少在这个例子中是这样。）

然而，无论薛定谔怎么想，叠加态的概念并不只是幻想。实际上，它是解释真实世界众多现象的唯一可能的方式。对于计算机，它的影响是巨大的。

这是因为，在普通计算机中，信息的基本单位“位”（bit，又称比特）以1或0的形式存在，而在量子计算机发挥作用的微观水平上，“量子位”（quantum bit）可以有效地同时处于经典的0和1状态。

这意味着在单个量子位（qubit，quantum bit的缩写，发音为“kew-bit”）上进行的计算机运算会同时作用于这两个值。例如，一个量子位可能由一个处于两种不同状态之一（我们将其称为0或1）的电子表示。但是与常规位不同的是，由于量子叠加现象，量子位可以同时是0和1。

因此，通过在一个量子位上执行一次运算，计算机实际上同时对两个不同的值执行了运算。因此，涉及两个量子位的系统将能够对4个值进行运算，等等。随着量子位的增加，计算能力会以指数级增长。

上图： 埃尔温·薛定谔（1887—1961年），奥地利物理学家和诺贝尔奖获得者，他创造了著名的思想实验“薛定谔的猫”。

量子位的另一个奇特属性称为“纠缠”（entanglement）。当两个或以上量子位产生纠缠时，无论它们相距多远，它们的性质都会密不可分，就像彼此连接起来一样。这种诡异的联系意味着当你测量两个量子位之一的状态时，另一个量子位的状态也会立即固定——可以对它们进行操作，令其中之一的测量结果为1时，另一个的状态是0。

鉴于量子计算机的能力大大增长，各国政府已经意识到它们对信息安全构成了巨大威胁。自大卫·多伊奇发表他那篇关于量子计算机的论文以来的几十年里，全世界的研究步伐都在迅速加快，但是实用的量子计算机尚未成为现实。

然而，建造一台量子计算机的许多必要步骤都已经实现了。一个量子位的首次储存在2008年成功实现，而第二年出现了首个量子处理器（拥有庞大的2个量子位）。2011年，一家名叫D-Wave的公司宣称它制造出了第一台可商用的量子计算机。在距今更近的时候，英特尔公司已将量子处理器引入市场，而IBM在2019年发布了Q System One量子计算机。

舒尔算法

尽管在建造大型量子计算机方面存在挑战，但研究人员已经开始弄明白如何对它们进行编程；而且有趣的是，第一批应用中有两个和密码学相关。

第一个应用诞生于1994年，当时新泽西州贝尔实验室的彼得·舒尔（Peter Shor）展示了如何使用一台量子机器破解像RSA这样的系统。RSA是一种使用非常广泛的加密算法，其安全性来自常规计算机难以“因数分解”极大数这一事实（见173页）。

根据一项估计，因数分解一个25位的数字需要地球上所有的计算机运算数百年之久。使用彼得·舒尔发明的量子技术，则只需要几分钟。

这种技术被称为舒尔算法（Shor's algorithm），它相当简单，不需要建造一台完整的量子计算机所需的硬件类型。正如大卫·多伊奇指出的那样，量子因数分解机可能会比功能齐全的量子计算机提前很久制造出来。两年后，同样来自贝尔实验室的洛夫·格罗弗（Lov Grover）描述了另一种量子计算算法，该算法能够以极快的速度完成对长列表的搜索，这是另一个密码学家们非常感兴趣的应用。

然而，尽管取得了这些进展，研究人员仍在努力将量子计算理论转化为全面的现实。他们面临的最大挑战之一是纠错。在经典计算机中，可以通过在多个系统中建立冗余来排除错误——每个二进制位有多个拷贝并采用占多数的值。某种名为不可克隆定理（no-cloning theorem）的东西会阻止量子计算机制造者做到同样的事情：你无法复制任意且未知的量子状态。

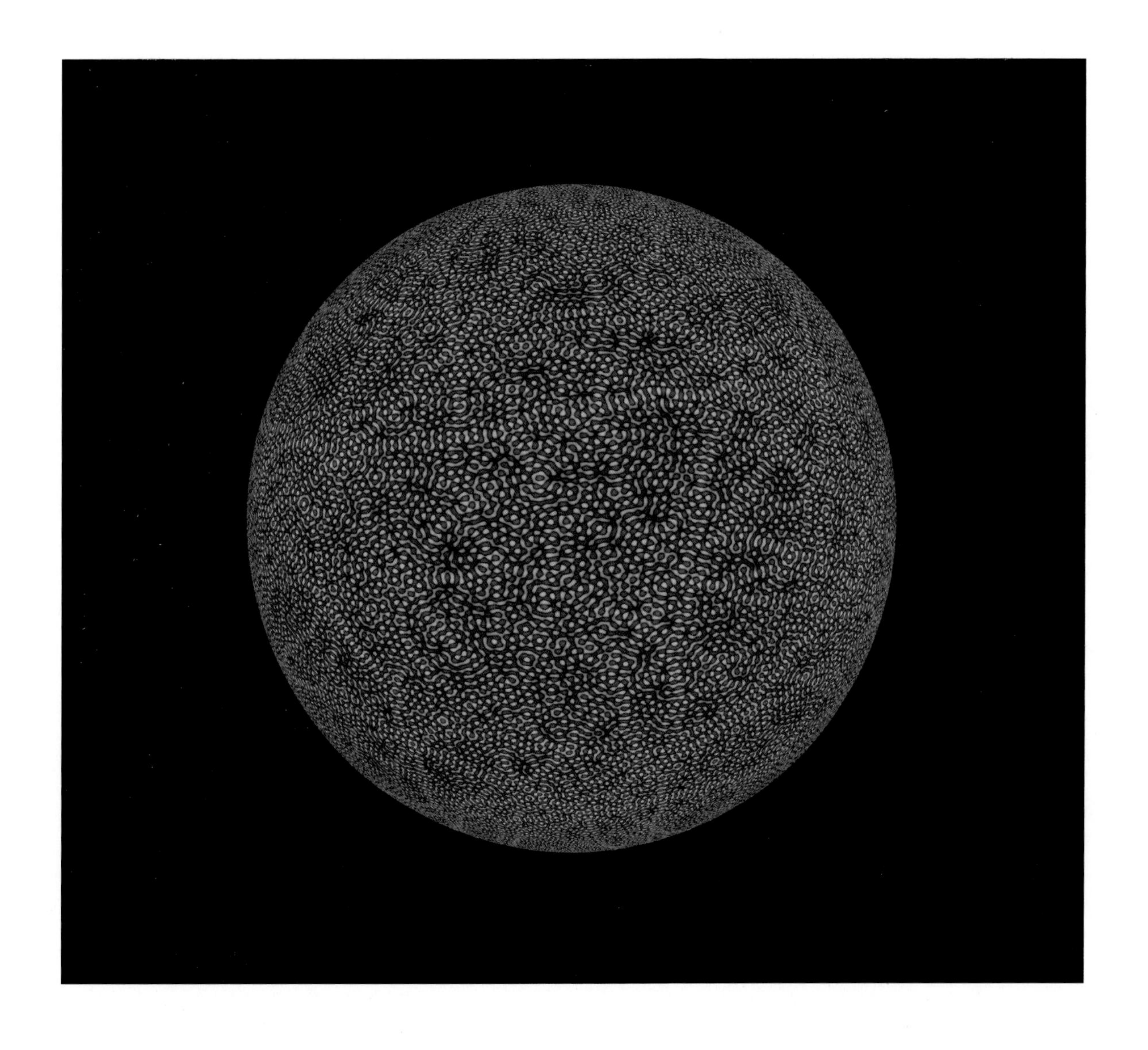

上图： 计算机模型模拟一个性质像波的粒子的运动。量子理论指出，随着该粒子的移动，它会制造出许多“波列”（wave trains），这些波列可能碰撞并产生随机的量子波，这是量子混沌的一个例子。

量子加密

量子计算机的现实呈现可能会非常麻烦，但它们仍被视为对通信安全的潜在威胁。幸运的是，研究人员和工程师带着他们自己的量子魔法来救场了，在物理定律的完美保护下，这种量子魔法可以用来分配密码密钥。

某些量子密钥分配系统依赖于这样一个事实，即电磁波在空间中移动时以不同的角度振动，科学家将这种特性称为电磁波的偏振（polarisation）。

杨氏双缝实验与量子加密

1803年冬天的伦敦，30岁的英格兰学者托马斯·杨（Thomas Young，光的波动说奠基人之一）在一些世界著名科学家面前完成了著名的“杨氏双缝实验”。通过展示光具有波的性质，这项实验将挑战他们对物理世界根本性质的看法。

杨拥有非凡的才智。他在19岁开始学医，4年后获得医学博士学位。他在1801年任职英国皇家科学研究所的自然哲学教授，并在两年内举办了91场讲座。

尽管如此，考虑到艾萨克·牛顿本人认为光是由类似弹丸的微小颗粒构成的，他在1803年11月的那天面临的挑战绝非不足为道。

为了证明自己的观点，杨让一名助手拿着一面镜子去室外，站在他的实验即将进行的房间的一扇窗户前。窗户的百叶窗紧闭，而且上面钻有一个针孔，当助手将镜子调整到正确的角度时，就会有一束很细的光柱穿过黑暗的房间，射到窗户对面的墙上。

然后，杨拿来一张很薄的卡片并将它小心放置，令其将光柱一分为二。当他这样做了以后，穿过窗户的光在对面的墙壁上形成了明暗条纹图案。

“最有偏见的人也不会否认，”杨对自己的观众说，“条纹（被观测到的）是两束光的干涉产生的。”换句话说，条纹图案是光波被卡片分开后重新结合时的彼此干涉导致的，就像水波的相遇一样。在较亮的位置，光波中的两个“波峰”在抵达墙壁时重合，而较暗的位置则是波峰和波谷同时出现的结果。

杨后来用另一个实验展示了相同的效应：他将一束细细的光投射在开有两个狭缝的挡板上，这个实验如今称为“杨氏双缝实验”。

如今，科学家们知道光有一种类似双重人格的特性——它会根据情况表现得像波或者像粒子。考虑到这种背景，杨的实验结果可以看成是光的粒子，即光子在穿过狭缝之后互相作用的效果。

在现代科技的帮助下，科学家们得以使用极其微弱的光源重复杨的实验，这种光源微弱到每次可以只发射1个光子。然而，当他们这样做时，他们观察到了一些神奇的结果。例如，当一名研究者使用射速每小时1个光子的光源对挡板发射光子时，他发现屏幕上会逐渐出现同样的“干涉”图案，即便任何两个光子之间显然都不会以任何方式相互作用。这种令人困惑的结果无法使用物理学经典定律解释，但是量子力学对此有两种可能的解释。

第一种解释是，光子在本质上同时穿过

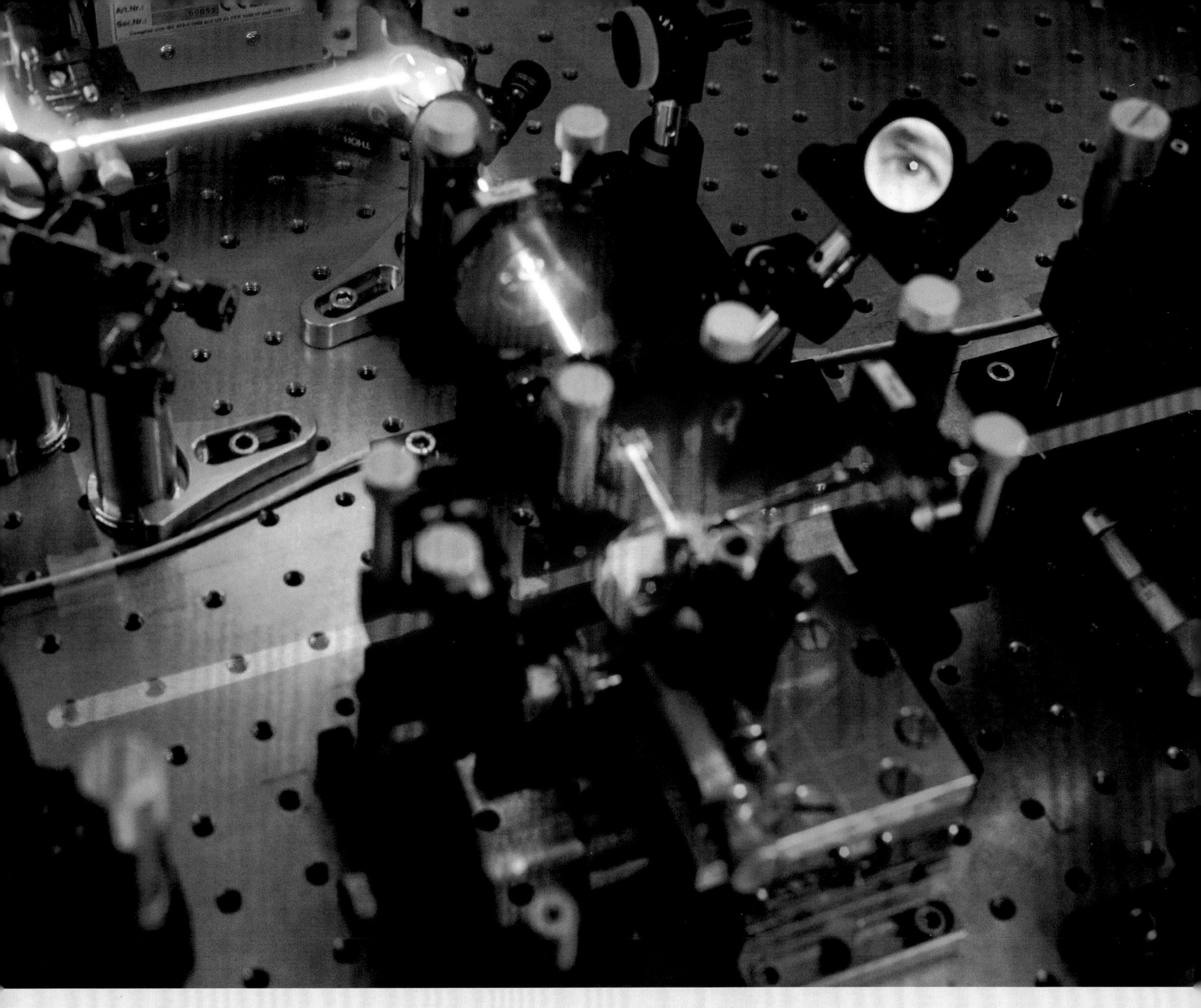

上图： 量子加密设备。

两个狭缝，随后与自身产生干涉。这属于叠加态的概念范畴。

一些科学家为叠加态提供的另一种解释被称为“多重宇宙”解释。按照这种想法，当单光子抵达开有两条狭缝的挡板时，它只穿过其中一条狭缝，但是随后与存在于平行宇宙中且穿过另一狭缝的另一“幽灵”光子相互作用。

无论哪种方式是真实的，量子叠加概念都对量子计算机有着重要的意义。因为量子计算机的元素可以同时处于多种状态，而且因为它可以同时作用于所有这些不同状态，所以它可以并行执行多项运算。

来自正常光源的光是随机偏振的。令一束光穿过名为偏振片（Polaroid）的特殊过滤结构，有可能让光以同一偏振方向从偏振片的另一侧射出。这一点可以用于密码学领域。

以加密为目的，光可以按照两种方式偏振。在第一种方式中，光子的振动方向是水平或垂直的，这种方式称为直线偏振（rectilinear polarisation）。第二种方法令光子按照对角线方向振动，从左上到右下，或者从右上到左下。

这些不同的选择可以用来代表一系列量子位的0或1。例如，在直线偏振方案中，水平偏振（-）可以代表0，从而令垂直偏振（|）代表1。

令这种方案适合发送秘密消息的原因在于，窃听者要想正确地测量每个光子的偏振模式，他或她就需要提前知道发送者使用的是什么方法。如果某个特定光子是以直线方式偏振的，那么只有直线检测器才能准确地告诉你它是1还是0。如果你错误地使用了对角线检测器，你会错误地以为光子呈正负45°的偏振角度（/或\），这样便永远也搞不明白。

问题在于，只是使用这种方法发送消息会让消息接收者处于与窃听者完全相同的情况。在消息接收者能够准确解释光子流之前，他或她需要知道每个光子采用的偏振方案。如果没有这一信息，消息就是无用的。

为了解决这个问题，布拉萨和贝内特开发了一套方案，在这套方案中，光子流不代表消息本身，只代表密钥。这套系统的优点在于，如果任何人试图窃听交流，在错误的模式下测量光子，将引入信息接收者在信息发送者告诉他正确偏振方法序列之前产生的那种错误。

量子密钥分配还可以利用“纠缠”(entanglement)，指的是两个粒子的性质彼此依赖。在这类系统中——这是英国研究人员阿图尔·埃克特（Artur Ekert）的智慧结晶，爱丽丝和鲍勃使用成对的纠缠光子作为密钥的基础。

世界上有几个国家已经在开发这些系统的商业版本了。政府机构也参与其中，例如美国国防先进技术研究计划局（Defence Advanced Research Projects Agency，简称DARPA），它资助了世界上首个实验

密码分析

偏振

它的工作原理是这样的。想发送加密信息的人，我们叫她爱丽丝（Alice），发送一系列代表1和0的光子，这些光子是她使用直线和对角线过程随机偏振得到的。

假设爱丽丝发送了6个光子：

爱丽丝的位序列	1	0	0	1	1	0
偏振序列	X	+	X	+	+	X
发送光子	/	-	\	I	I	\

X= 对角线；+ = 直线

下一个步骤是信息的接收者鲍勃（Bob）测量他接收到的光子的偏振。为了做到这一点，他会随机交换自己的直线和对角线偏振检测器。这意味着有时候他的选择与爱丽丝的选择相符，有时则不符：

爱丽丝的位序列	1	0	0	1	1	0
鲍勃的偏振猜测	X	X	+	+	X	X
鲍勃的测量结果	/	\	-	I	I	\

在这里，你可以看到鲍勃对检测器的随机选择让他得到了三个光子的正确结果——分别是第1、第4和第6个。问题在于，他不知道哪些结果是正确的。

为了解决这个问题，爱丽丝和鲍勃只需要打个电话，让爱丽丝告诉鲍勃她对每个光子使用的偏振方案——而不用暴露二进制位是0还是1。

就算有人在窃听这段对话也无关紧要，因为爱丽丝并未透露她发送的二进制位，只说了她使用的偏振方案。那么此时鲍勃可以确信自己对第1、第4和第6个光子的测量结果是正确的。通过这种方式，鲍勃和爱丽丝都能肯定地知道这些二进制位是什么，而不用直接讨论它们。这让爱丽丝和鲍勃能够使用这三个光子（在现实中他们使用的光子数量会多得多）作为加密密钥，其安全性将得到物理定律的保证。

室外连续运行量子加密网络，将美国东北部的数个地点连接起来，还资助了欧洲的“基于量子加密的安全通信”（Secure Communication based on Quantum Cryptography）项目。

东芝公司量子信息组（Quantum Information Group）的团队领导安德鲁斯·希尔兹博士（Dr Andrews Shields）解释了量子系统提供的终极安全性。“我们很可能正在抵达密码学军备竞赛的终点，”他说，“只要物理学定理成立，它就绝对安全。”

距离最初是量子加密系统的真正限制，因为使用光纤长途发送光子会遇到一些物理问题，但是随着时间的推移，发送距离增加了。有报道的量子密钥最长分配距离是421千米。

现在有出售商用量子密钥分配系统的公司，还有许多其他公司正在积极研究这个领域。而且许多量子密钥分配网络已在美国、中国、日本和其他地方建成。

量子脆弱性

物理学定律可能会确保通过量子信道分配的密钥的安全性，但是在确保数据安全方面，加密只是战斗的一部分。

也就是说，量子加密不会让系统摆脱软件或硬件的脆弱性，也不能摆脱总是将通信系统置于险境的那些人为过失。例如，内部人作案难以阻止。而且如果你的所有秘密数据都储存在一个内存卡上并被遗忘在出租车的后座，那么量子力学也无能为力。

类似地，真实世界中的量子加密系统也需要包含非量子部分，而且需要按照平常的方式保护这些部分。窃听者还可能试图接入爱丽丝和鲍勃之间的光纤以发送有害信号，这样做可能会堵塞或者损坏他们的部分技术。

另外，正如记者加里·斯蒂克斯（Gary Stix）在2005年初《科学美国人》（*Scientific American*）杂志的一篇文章中所写的那样，量子加密在异常攻击面前可能也是脆弱的。“窃听者可能破解接收者的检测器，导致从发送者那里接收到的量子位泄露回光纤并被截获。”

随着技术的发展，可能对量子密码系统发动的攻击也随之发展。例如在2010年，挪威科学家利用一个量子密码系统中的技术漏洞，通过向鲍勃发送明亮的光脉冲信号截获了来自爱丽丝的信号。因为窃听者向鲍勃发送的是经典信号而不是量子信号，所以伊芙（Eve）和鲍勃的读数之间没有错配。在另一项工作中，中国研究人员在2018年表明，你可以发起量子中间人攻击截获信号并重新发送假信号，从而闯入量子密钥分配系统。事实证明，理论上的不可破解与实践中的不可破解是非常不同的。

扇动的蝴蝶翅膀中的秘密

量子加密可能会或者可能不会结束密码编写员和密码分析员之间的长期斗争，但是与此同时，新颖的保密方法仍在不断被人发明。一种思路是利用名为“蝴蝶效应”的混沌理论来为事物保密。该现象在1972年得名，当时科学家爱德华·洛伦兹（Edward Lorenz）发表了一篇演讲，题为“可预测性：一只蝴蝶在巴西扇动翅膀会在得克萨斯州掀起龙卷风吗？”

洛伦兹阐述的是这样一个事实：从长远来看，复杂系统（例如天气模式）起始条件的微小变动会产生巨大的变化。这些变动体现在极为细微的细节上，例如蝴蝶翅膀扇动产生的风，因此它们基本上不可预测。这些微小变化的影响可能看似随机，但这种表象极具误导性。恰恰相反，混沌系统如大气、太阳系和经济都是有模式的，而系统的不同元素——例如风速和温度——相互依赖。

自从这个概念在20世纪70年代首次提出以来，科学家们一直在研究将混沌原理用于提高通信安全性的方法。基本思路是，一条信息可以埋藏在混沌的掩蔽信号中，从而让它不能被无法穿越混沌的任何人访问。

要想提取埋藏在混沌背景噪声中的信息，诀窍是拥有与发送信息的发报机非常匹配的接收装置。

在一篇2005年的《自然》（*Nature*）杂志的文章中，来自比利时布鲁塞尔自由大学的艾伦·肖（Alan Shore）和其他人提出了一种在两

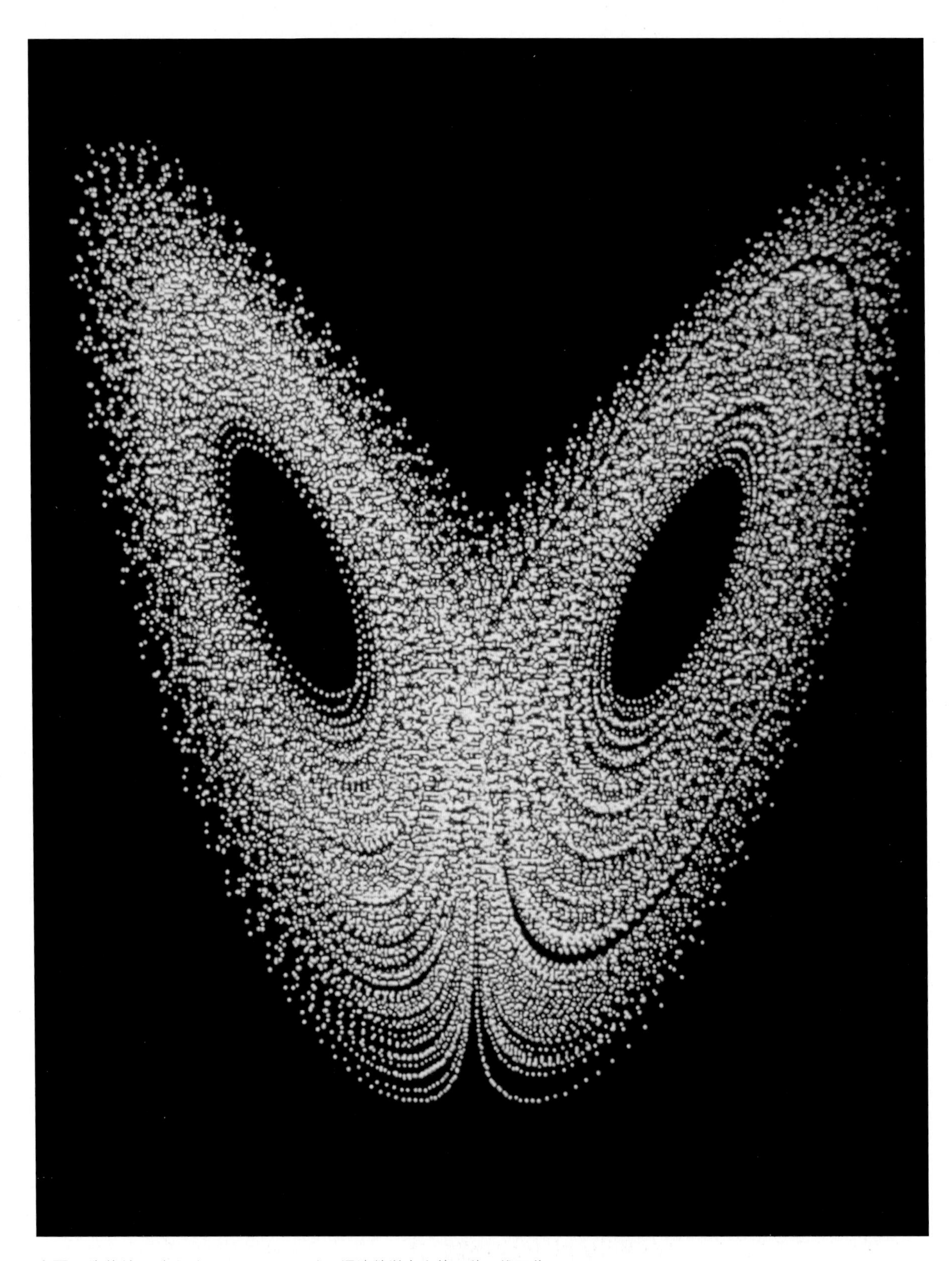

上图： 洛伦兹吸引子（Lorenz attractor），混沌数学产生的一种三维图像。

个激光器上使用这些原理的通信系统——一个激光器是发报机，另一个是接收器。

在正常情况下，激光器产生的光肯定不是混沌的，但是这些研究人员通过将光反馈回激光器本身制造出了混沌，这样做会刺激它产生不同频率光线的混沌混合，有点像是扬声器可能制造出的反馈噪声。

一旦将信息增添到这种混沌的光中，除非将它输入以完全相同的方式设置的相同激光器中，从而产生同样的反馈模式，否则它无法被理解。为此，两个激光器需要使用同样的设备和同样的部件，并被同时制造出来。

我们可以思考为什么从蝴蝶效应来看必须如此。要想让两个激光器产生的混沌光完全一样，那么光必须从起始点完全相同的两个系统中产生。在这样的情况下，从传输中减去混沌噪声就会将信息揭露出来。

肖和他的同事们在他们发表在《自然》的论文中首次指出，此类系统可以使用希腊雅典周边长120千米的光缆发送安全信息，从而有可能用于提高电话信息安全性。此外，它们可以实现极高的传输速率——其速率范围适用于电信公司。研究结果还表明，这种技术可以经受住真实世界条件的考验。

要想解开捆绑在混沌载波信号中发送的信息，窃听者需要有办法消除某些混沌光，还需要一台与产生信息所用的激光器精准匹配的激光器。

混沌密码学（chaos cryptography）的发展比较缓慢，但是在加密图像或者基于图像的隐写术（在数字图像中隐藏信息）方面已经取得了一些成功。

使用标准在线加密系统如高级加密标准（AES）在互联网上安全传输图像是很困难的，因为这需要强大的运算能力。基于混沌的加密则使用一种以可逆的方式移动像素的方法。

然而，对基于混沌密码学的安全加密方法的早期希望尚未实现。

一盒巧克力里的量子加密

量子加密背后的概念可能一开始看起来很复杂，但是奥地利物理学家卡尔·斯沃齐尔（Karl Svozil）设计了一场解释这种系统如何运作的舞台表演，它会用到演员、两副彩色眼镜（一副红色的和一副绿色的）、四面彩旗（两面红色，两面绿色），以及一碗用锡纸包裹的巧克力球。

2005年10月，斯沃齐尔的揭幕演出在维也纳科技大学举行。在舞台上，他安排了两名演员扮演爱丽丝（发送信息的人）和鲍勃（接收信息的人），还放了一碗包裹着黑色锡纸的巧克力。

每颗巧克力上有两片贴纸：一张红色贴纸，上面写着数字0或1，0代表水平偏振的光子，1代表垂直偏振的光子；另一张是绿色贴纸，也写着数字0或1，0代表右对角线偏振光子，1代表左对角线偏振光子。

演出开始时，爱丽丝抛硬币决定自己佩戴哪一副眼镜。让我们假设她会戴绿色那副。这代表她发送光子时将要使用的偏振方案。

爱丽丝从碗里随机取出一颗巧克力球——记住每颗巧克力球上有两片贴纸，一片绿色的，一片红色的。绿色眼镜意味着她只能看到红色贴纸上的数字，看不见绿色贴纸上的数字。她在一块黑板上写下自己佩戴的彩色眼镜的颜色，以及她在巧克力球上看到的数字。然后一名观众扮演光子的角色，将巧克力球从爱丽丝那里送到鲍勃那里去。

接下来，鲍勃抛硬币选择眼镜。假设他戴上了红色眼镜。他看一眼巧克力球，记下自己能够看到的数字，以及自己使用的彩色眼镜的颜色。如果他使用了和爱丽丝同样的眼镜，他就能看到同样的数字。

收到巧克力后，鲍勃用一面红色或绿色旗子告诉爱丽丝他使用的眼镜是什么颜色。爱丽丝使用她的旗子让鲍勃知道她用了什么颜色的眼镜。他们从不交流球上写的数字。如果他们的旗子颜色相符，他们就会保留数字，否则就将该条目丢弃。

因为鲍勃只会写下当他使用与爱丽丝相同的眼镜时看到的数字，所以在整个过程重复数次之后，他们两人会写下完全相同的0和1序列。他们比较两三个字符以确保窃听者没有渗透，发现一切正常之后，他们就有了一个可用于多种加密应用的绝对安全的随机密钥。

据斯沃齐尔回忆，这场演出在现场的非专业观众当中反响热烈。或许更重要的是，他们从这段体验中了解到，虽然量子加密背后的物理学原理是陌生的，但该过程本身却像一盒巧克力一样容易消化。

1101011101001010011101001

相同的结果

上图： 鲍勃选择了绿色眼镜，因此只能看到红色贴纸。他用自己的旗子向爱丽丝表示他的眼镜是绿色的。爱丽丝只能看见绿色贴纸，因为她选择的是红色眼镜。她用自己的旗子表示自己的眼镜是红色的；因为两人选择了不同颜色的眼镜，他们会丢弃自己的数字。当他们的旗子（以及眼镜）的颜色相符时，他们就会保留数字。

BITCOIN • DIGITAL • DECENTRALIZED • PEER TO PEER
TROY OZ 999 FINE COPPER
MJB MONETARY METALS

第七章

数字时代的密码安全

数字时代的网络加密与安全：从比特币、安全哈希算法到爱德华·斯诺登。

密码和密码破解在现代世界中占有什么位置？当全世界真的有数十亿公民每个月都在使用脸书（Facebook）时，当企业追踪我们的在线轨迹以发送有针对性的广告时，当街角的数亿个闭路电视摄像头观察着我们的日常举动时，隐私到底意味着什么？在真实世界和虚拟世界中，需要被保护的不光是我们的信息，还有我们的整个自我，或许我们应该在这件事上认清现实。

如果400多年前伊丽莎白女王的间谍大师可以简单地通过截获信件来监视政治对手，想象一下从你的手机定位信息、浏览历史、消费习惯中能够搜刮出什么东西。你可能会感到好奇，除了这些还有什么需要加密的秘密呢？

这是太阳微系统公司（Sun Microsystems）的首席执行官斯科特·麦克尼利（Scott McNealy）在1999年的一场公司会议中提出的观点。“你本来就毫无隐私可言，”他对报告人说，“习惯它吧。”

麦克尼利认为维持个人隐私面临着巨大的挑战，几乎没有人不同意他的这一诊断，但他提出我们只能接受这一点，这个建议则遇到了许

对页图： 代表虚拟货币比特币的美术作品。

多反对者。实际上，加密术和密码破译者之间的斗争一直是21世纪某些最大的科技进步的核心。

上图： 布鲁斯·施奈尔（Bruce Schneier）在一场布达佩斯“黑客活动”会议（Hacktivity Conference）上讲话。

美国密码学家布鲁斯·施奈尔是这场战斗最杰出的观察家之一，他留着茂密的灰色胡须，扎着马尾，喜欢穿戴花卉图案的衬衫。如果不表明身份，施奈尔很可能被人以为是正在变老的摇滚歌手。但实际上，他是我们在互联网时代关于信息安全的最雄辩的传播者之一。

作为IBM Security安全公司的特别顾问以及哈佛大学肯尼迪学院的学者，施奈尔将我们的时代称为“监视的黄金时代”。

他说，我们从未像现在这样受到企业和政府的监视，它们对我们的数据贪得无厌，企业这样做是为了通过发送个性化广告挣钱，而政府则以保护我们免遭恐怖分子、毒贩等人的侵害作为理由。

但是这种监视的代价是高昂的。据施奈尔所言，这种代价包括歧视风险、人身控制、对言论自由的寒蝉效应、技术滥用，以及自由的丧失。

在这样的背景下，加密技术可以被视为保护自由的关键工具。“很简单，加密维持你的安全，”施奈尔在一篇2016年的文章中写道。他说，它不但保护你的银行账户详情、电话交谈和数据，而且在政治高压国家令异议分子能够隐藏他们的身份，确保记者能够与信息来源安全地交流，保护非政府组织的工作，以及维护律师委托人隐私。

对我们所有人而言幸运的是，强大且不可破解的加密技术对于那些聪明到足以使用它们的人来说是存在而且可用的。例如，在过去的10年里，我们都变得非常依赖信息发送应用程序。脸书在2008年发布了聊天模块（Chat），它已经演变成了应用程序信使（Messenger），如今有超过13亿用户。2009年发布的应用程序WhatsApp（现在也归脸书所有）的用户甚至更多。

WhatsApp曾宣称它在2016年实施了所谓的端到端加密，确保“只有你以及与你交流的人能够读取发送内容，中间的任何人都不能读取，就连WhatsApp也不能”。

WhatsApp的加密方法基于椭圆曲线加密。这是一种公共密钥系统，但是它使用的数学问题不同于许多其他加密方案使用的质因数分解——它的基础是椭圆曲线的代数结构。

苹果公司的通信软件iMessage和Snapchat也提供端对端加密，而脸书和照片墙（Instagram）也承诺要做到同样的事情。

这些通信应用软件的广泛使用导致包括前英国首相大卫·卡梅隆在内的许多政客呼吁禁止这种加密，因为它正在被恐怖分子等罪犯利用。

拥有互联网

恐怖主义和非法活动的威胁所引起的远不只是禁止通信应用软件端对端加密技术的呼吁。

2013年5月末，时任中央情报局雇员的年轻男子爱德华·斯诺登（Edward Snowden）泄露了大量高度机密的信息。除了许多其他事情，这些信息还揭示了加密以及规避或破解加密的努力在当今的安全世界中发挥的核心作用。

随着网络空间已经成为我们的生活和国家基础设施的更重要的组成部分，它也成了战场，众多安全机构集中大量资源用于在线搜集信息，并积极培养发动进攻性网络战役的能力。但是它们用来保护公民的技术也引发了争议，让人们深感不安并怀疑这些系统是否从根本上损害了普通人的隐私权。

斯诺登泄露的文件揭示了美国国家安全局以及澳大利亚、加拿大和英国情报机构的监视活动。例如，它们表明英国政府通信总部（GCHQ）参与了一个庞大的互联网通信监视计划。该计划名为“时代”（Tempora），包括一个名为“掌握互联网”（Mastering the Internet，简称MTI）的项目，该项目通过位于英国西南部康沃尔郡的GCHQ中心将分接头插入承载网络流量的电缆上。据2014年的一部《BBC地平线》（*BBC Horizon*）纪录片估计，全世界25%的网络流量穿过康沃尔。

对GCHQ监视计划的揭露导致它发布了如下声明：

> 我们面临的最大挑战之一是，面对互联网通信和语音电话的增长，同时保持我们的能力。我们必须持续再投资，才

小兄弟

任何对21世纪监视与密码学之间的斗争有更多兴趣的人，都应该读一读作家兼数字权利传道者科利·多克托罗（Cory Doctorow）的小说《小兄弟》（*Little Brother*），小说创作于2005年7月导致52人在地铁和公交车炸弹爆炸中丧生的伦敦恐怖袭击之后不久。

故事的主角是个有点书呆子气的高中生，马库斯·亚雷（Marcus Yallow），他运用黑客技术和胆识来躲避旨在监控他的学校活动的阴险的监视系统。当恐怖分子袭击旧金山时，马库斯和他的朋友们被卷入其中，并发现自己需要以同样的技术天资和勇气挫败随后现身的国土安全局。

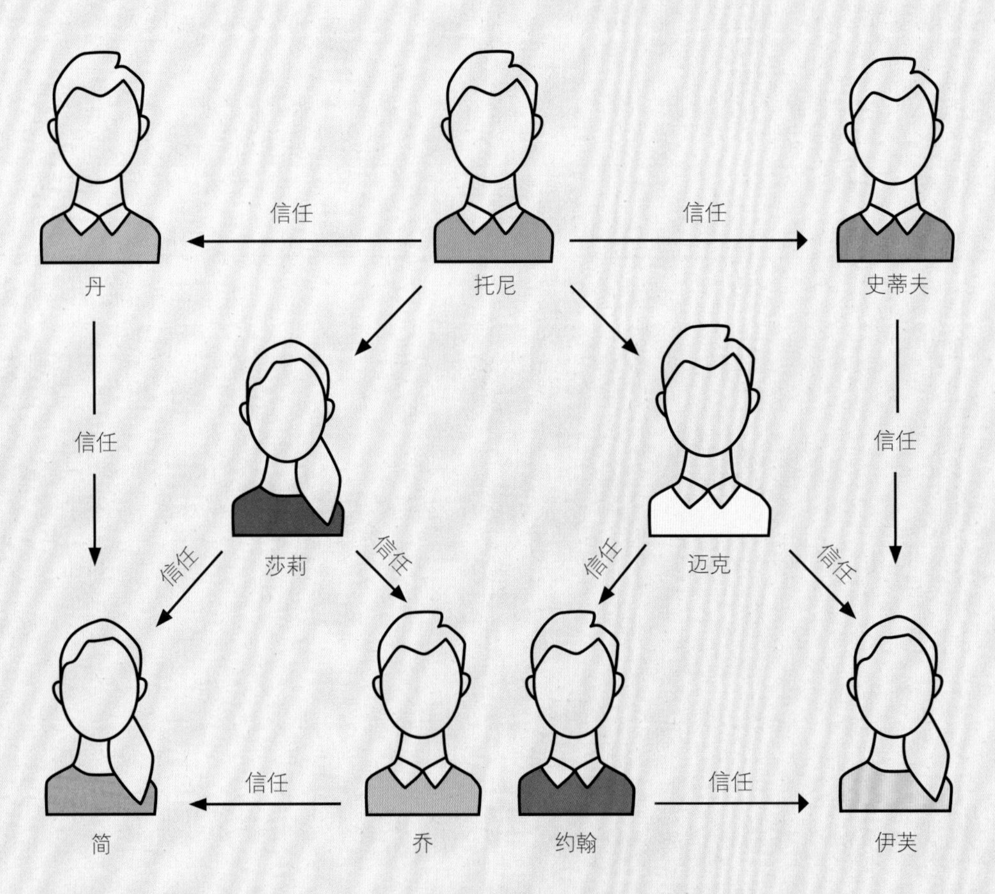

上图： 在这个信任网络模型中，托尼可以含蓄地信任简、乔和伊芙的密钥，即使他并不直接了解这些信息。这个模型在密码学中用于构建去中心化安全模型，其中的参与者可以担保其伙伴用户的身份，并验证其密钥值得信任。

多克托罗的书并非只能供人消遣；它还为年轻的读者们介绍了他们可以用来自主思考和行动的工具和理念。例如，当多克托罗描述马库斯和他的朋友们从学校里溜出去玩混合现实寻宝游戏时，他融入了一些概念，如TOR（洋葱路由器，the onion router），这种互联网系统指引加密后的互联网流量穿过一系列路由器，有助于隐藏用户的位置和使用情况，抵御可能存在的监控者。

后来，当马库斯和他的伙伴与国土安全部展开激烈的战斗时，读者会了解基于质因数分解的密码学基本原理、恩尼格玛密码机和公钥加密，以及许多其他关键概念。

有一次，马库斯领导的一群孩子意识到他们需要提高交流的私密性，于是他们决定建立一个信任网络。在这种系统中，每个人都有两个加密密钥：一个密码是他们公开分享的，另一个是他们私人保有的。每个人的私钥都可以用来解密使用公钥加密后的信息。

这个信任网络本质上是这样一群人，其中的每个人都知道其他人的公钥。当用户想给彼此发送信息时，他们会使用收件人的公共密钥加密自己的信息，而加密后的信息只能使用收件人的私钥解密。

发送消息的用户还用自己的私钥对其进行数字签名。这意味着当收件人使用用户公钥验证它时，他们可以确认它的确来自应该来自的人。

正如马库斯在书中解释的那样，信任网络是“一种确保你可以与你信任的人谈话并不让其他任何人偷听的近乎万无一失的方法”。唯一的问题是，“它需要你与网络上的人真实见面至少一次，才能开始使用”。

对于马库斯和他的朋友们，解决方案是与一群值得信赖的红颜知己一起举办一场海滩派对，那里不但有夜晚的啤酒和海洋，还有一台砸在岩石上的自制笔记本电脑和一段萌芽中的浪漫情愫。正是这种场景让《小兄弟》赢得了一连串的奖项和认可，并制造出难以抗拒的阅读魅力。

上图：2013年，示威者在华盛顿特区抗议政府监视，手中举着向爱德华·斯诺登致敬的标语牌。

能跟上那些威胁英国及其利益的人使用的方法。正如我们在布莱切利园的前辈们掌握了第一批计算机的使用一样，如今，与行业合作的我们需要掌握互联网技术和技能的使用，这将让我们能够领先威胁一步。这就是掌握互联网的目的。

从MTI项目中泄露的极为少量的细节似乎表明，它关注的是元数据，即谁在发送消息以及发送时间之类的信息，而不是消息本身的内容。这背后的假设是，如果消息的加密无法破解，那么关于人际网络的信息可能反而有用。

其他泄密内容表明，美国和英国的安全机构还在共同努力破解加密术。在关于斯诺登文件的首批文章之一中，记者格伦·格林沃尔德（Glenn Greenwald）和同事写道，英美情报组织“已经成功破解了数亿人赖以保护其个人数据、在线交易和电子邮件隐私的许多在线加密技术”。

记者们提到了这些机构用来攻击使用极为广泛的那些在线加密技术的“一连串方法”：例如使用超级计算机以暴力破解的方式破译加密，以及与技术公司和互联网服务供应商合作，从而允许安全机构在商业加密软件中安插“后门”以便它们秘密访问。

正如施奈尔在他的书《数据与巨人》（*Data and Goliath*）中写的那样：“美国国家安全局颠覆互联网加密技术的‘奔牛’（BULLRUN）计划和英国政府通信总部的配套计划‘边山’（EDGEHILL）在对付互联网上常见的很多安全技术时都很成功。”这两个计划分别以美国内战和英国内战中的战斗命名，是斯诺登泄露的美国国安局文件的一部分，并被《卫报》（*Guardian*）发表。据说这些系统涉及多个极其敏感的信息源（例如安装在截获电子设备中的窃听器）、与行业的关系以及高等数学。

此类活动的许多细节自然仍不为公众所知。即便如此，已经揭露的那一点细节已经掀起了巨大的争议和不安。撇开其他不谈，这再次展示了中央加密技术如何在我们的数字时代继续存在，以及每个公民的充分知情并确保我们注意自身的数据隐私是多么重要。

比特币和其他加密货币

那个名为中本聪（Satoshi Nakamoto）的神秘人物在2008年秋天首次进入密码学的历史，当时有一个以他的名字命名的文件出现在一张在线密码学邮件列表中。这个文件描述了一种被称为“比特币”（bitcoin）的新型货币，而对于这种货币，说它引起了一场全球性的现象并不算过分夸张。

这个中本聪到底是谁？尽管有很多猜想，但没人确切地知道（见182页）。无论如何，这个文件的目标很清晰：比特币被设计为一种替代性在线商务系统，一种完全不需要银行就能运行的系统。这种新系统不再依靠金融机构来处理电子支付，而是允许人们直接彼此交易而无须中间人。

比特币系统的加密核心是名为哈希（hashing）的编程概念，这种函数可以将任何大小的数据转换为固定大小的数据。顾名思义，这种方法允许客户混杂输入数据以获取输出，就像将切碎的肉、马铃薯和香料混合在一起，制成美味的哈希早餐（breakfast hash）一样（hashing即hash的单词变形，字面意思为制作hash）。

中本聪将一个“硬币”定义为一系列可以从一个拥有者转移到下一个拥有者的数字签名，方法是对上一次交易的哈希值和下一个拥有者的公钥进行数字签名，并将它们添加到硬币末尾。交易将记录在分布于许多计算机上的分类账（称为区块链）中，从而防止记录被回溯更改。

中本聪的想法是让名为“矿工”（miners）的用户集体维护区块链。就像在线出版杂志《石英》（*Quartz*）在2013年所说的那样，比特币矿工所做的并不是“在互联网里炸开一个大洞，然后寻找能够制成比特币金块的数字矿石”。相反，比特币矿工将算力投入到运行一种特殊的软件上，该软件本质上是在寻找一个困难数学问题的解决方案，而这个数学问题的难度是精确已知的。更具体地说，他们需要找到一个名为“nonce”的数字，该数字可以与区块内容一起进行哈希运算，从而创建出一个小于该网络难度目标的结果。

密码破译者用来因数分解大数的复杂数学

WhatsApp等信息服务使用的椭圆曲线方法被用来因数分解长达25位的数字。在数学中，椭圆曲线是可以用下面这个方程表示的曲线：

$$y^2=x^3+ax+b$$

这种方法通过使用这些曲线上的点并使用群论数学来找出因数。对于长度超过约50位的数字，使用名为二次筛（quadratic sieve）和数域筛（number fiel dsieve）的两种方法。二次筛法的工作原理是找到所谓的平方同余，即满足下列方程的两个数字x和y：

$$x^2=y^2 \bmod n$$

mod$n$的意思是，我们使用以n为模数的模运算。为了看看这意味着什么，如果我们进行模数为12的运算，然后如果x为12且y为24，那么就会满足这个方程。

然后这个方程可以重写为：

$$x^2-y^2=0 \bmod n$$

使用代数，我们能够将这个方程的左半边重写成不同的形式：

$$(x+y)\times(x-y)=0 \bmod n$$

（如果你不相信，尝试令x=3且y=2。这令x^2=9且y^2=4，于是x^2-y^2=5。($x+y$)= 5 且（$x-y$）=1，两者相乘的结果还是5。）

这个重新书写的方程意味着在x和y可能的值中，存在某些值令（$x+y$）和（$x-y$）的乘积以n为模数进行模运算后结果为0；换句话说，存在两个数字相乘后得到数字n，这是（$x+y$）和（$x-y$）是n的因数的另一种说法——而这正是我们试图解决的问题。

下面是一个小例子，令n=35、x=6且y=1。这会得到：

$$x^2=36$$
$$y^2=1$$
$$x^2-y^2=35$$

在模数为35的运算中，35可以写成0mod*35*，所以这符合我们的方程。然后我们计算$x+y$得到7，$x-y$得到5。这两个数字的确是35的因数，你可以通过将它们相乘来验证。

因此，如果我们选择令n成为我们想要因数分解的数字，我们就可以使用这种技术寻找可能的因数，尽管这会比我们的小例子花费更长时间。对密码学感兴趣的数学家们感到兴奋的是，有一天或许某人会发现一种简单得多的找出因数的方法。如果这种方法真的被找到了，那么今天的许多加密技术将不得不被丢弃，因为它们会变得太容易破解。

安全哈希算法

安全哈希算法（Secure Hash Algorithm，简称SHA）是一类用于制造和验证数字签名的加密方法。它用于确认真实性而非加密信息本身，并且是互联网安全协议TLS和SSL中使用的基础安全标准。它常常被用于验证互联网密码。

SHA标准在1993年首次引入，它是加密哈希函数的应用实例，其区别特征在于它采用可变长度的文本并将其压缩，以生成标准长度的消息摘要。

SHA的安全性基于这样一个假设，即从给定的消息摘要中无法计算出产生摘要的消息，也不能找出产生同一消息摘要的两条消息——不同消息产生相同摘要的现象称为“哈希碰撞”（collision）。输入文本的微小变化也会在摘要中引起重大改变。

按照下面这种方法，你可以思考自己如何使用加密哈希方案如SHA。爱丽丝和鲍勃想交流某个事实，或者对某件事进行数字签名以证明它已经发生。爱丽丝提出了一个非常具有挑战性的数学问题，并且该问题的答案已经被她算出。她对答案进行哈希运算，得到了一个哈希值。然后爱丽丝将该数学问题交给鲍勃。鲍勃最终破解了这个问题并对他的答案进行哈希运算。如果他得到的哈希值是一样的，他就能确定爱丽丝也解决了这个数学问题。

SHA原始规范于1993年以安全哈希标准（Secure Hash Standard）的名称发布，但不久之后就应美国国家安全局的要求撤销，因为设计中的一个缺陷降低了它的安全性。它在1995年被名为SHA-1的新改进标准取代，此后安全哈希标准被追溯更名为SHA-0。

SHA-1制造长160位的消息摘要。可能消息的数量是无限的，但是可能的消息摘要数量有限，而发现两条消息产生同一摘要的概率是$1/2^{80}$。

这是极其微小的可能性。然而在2005年，一群中国密码分析员宣称他们发现了一种比暴力破解快得多的SHA-1破解方法，可以在2^{69}次尝试之前找到可能的哈希碰撞。

尽管这仍然是个很大的数字，而且真实操作的成本过于昂贵，但是它足以敲响SHA-1的丧钟。近些年来，新的哈希函数集已经取代了SHA-1。SHA-2和SHA-3是基于256位和512位哈希算法的结构不同的函数集。

上图： 位于马里兰州乔治·米德堡（Fort George Meade）的美国国家安全局。

对页上图： 中国四川省孔玉乡附近的一个比特币"矿场"内。

对页下图： 一台比特币矿机，维修处的运营方是中国的比特大陆技术有限公司（Bitmain Technologies Ltd），世界领先的比特币挖矿设备制造商之一。

当用户找到这些解决方案时，他们可以将它们与其他信息一起打包进一个区块，然后告知网络里的每一个人。如果有人想将比特币发送给其他人，那么矿工会通过交叉验证分类账以确保发送者实际上有这笔钱。该解决方案被称为"工作量证明"——使用网络中的任何一台计算机进行验证都很容易，但是制造过程却极为耗时。

实际上按照中本聪的设计，随着时间的流逝，这件事涉及的难度会越来越大。网络每增加2016个区块，难度目标就会增加——目标是确保创造新区块的时间间隔保持恒定，每个区块平均10分钟。该系统以这种方式自动适应网络上的采矿总算力。

矿工们处于一场竞赛当中，他们争先成为批准新的一批交易并完成将交易添加到分类账所需的运算的第一人。每10分钟，其中一名矿工就会获得一些"凭空创造"的比特币。奖励一开始是50枚比特币，但是数量每4年减少大约一半，直到最后一枚比特币在22世纪中期制造出来，这样的设定意味着它们的总数永远不会超过2100万枚。

到2009年1月时，中本聪已经将比特币从有趣的理论变为革命性的实践，实施了运转这种货币所需的软件，并开采了首个区块中的50个比特币。

有一小段文字镶嵌在这个"创世区块"（genesis block）中，它暗示了支撑这种加密货币的颠覆性的世界观。这段文字引用了2009年1月3日《泰晤士报》头版头条的标题："财政大臣正处于实施第二轮银行紧急援助的边缘。"当时的世界仍处于2007—2008全球金融危机的影响下，在这样的时候，这似乎不只是对日期的简单确认，而是对金融体系的失败做出了尖锐的评论。

关于比特币的哲学根源，另一条线索是1月12日从中本聪那里接受第一笔比特币交易的人。此人是加州计算机科学家哈尔·芬尼（Hal Finney），他在业内以创造了第一种可重新使用的工作量系统闻名，那是在2004年。芬尼是那些被称为"密码朋克"（cypherpunk）的反叛编码员之一，这些男人和女人倡导使用密码学和其他技术来保护个人数字隐私免遭政府监控和企业信息控制的侵害。

20世纪90年代初，密码朋克运动在旧金山湾区合流，由埃里克·休斯（Eric Hughes）、蒂莫西·C. 梅（Timothy C May）和约翰·吉尔摩尔（John Gilmore）成立了一个小型团体。他们和其他志同道合的人将在吉尔摩尔的硅谷公司天鹅座解决方案（Cygnus Solutions）会面，讨论“窥探工具转变为隐私工具”的未来，正如作家史蒂文·利维（Steven Levy）在1993所写的那样。

湾区活动家、黑客和作家茱德·米朗［Jude Milhon，其绰号“圣茱德”（St Jude）可谓闻名遐迩］授予这群科技自由主义者“密码朋克”的绰号。1993年，休斯在他发表的宣言里总结了他们的世界观：

> 对于电子时代的开放社会，隐私是必不可少的……我们不能指望政府、企业或其他冷冰冰的大型组织赐予我们隐私……我们必须保卫自己的隐私，如果我们打算有任何隐私的话……密码朋克编写代码。我们知道必须有人编写捍卫隐私的软件，而且……我们将编写它。

像休斯和中本聪这样的密码朋克认为我们需要拿起政府和企业经常使用的密码武器，并使用它们赋予个体权利。

无论比特币背后的哲学是什么，在中本聪和芬尼的第一次交易之后，现实世界很快就接受了这个理念。在中本聪实施开源代码的第二年，程序员拉斯洛·汉耶茨（Laszlo Hanyecz）使用这种货币进行了首次已知的商业交易，花掉10000个比特币换来两个比萨。

到2010年时，中本聪已经开采了大约100万个比特币，然后他将该系统的控制权交给了一个名为加文·安德烈森（Gavin Andresen）的计算机程序员，接下来就消失了。那时，比特币现象才刚开始升温。最早使用比特币的地方是在互联网的灰暗角落，一些暗网市场开始接受比特币作为支付方式，例如以出售违禁药物闻名的“丝路”（Silk Road）。

在接下来的几年里，随着越来越多的人意识到比特币的存在，其价格剧烈波动，从2011年初的每个比特币0.30美元开始，到6月的超过

对页图：朱利安·阿桑奇（Julian Assange）登上《时代》杂志封面。作为维基解密网站（Wikileaks）的创始人，他或许是最著名的密码朋克，还写了一本名为《密码朋克：互联网的自由和未来》（*Cypherpunks: Freedom and the Future of the Internet*）的书。

DECEMBER 13, 2010
Ireland:
How it got into its economic mess
North Korea:
Why won't China step in?
Climate Change:
Africa's quest to beat the desert
Movies:
Flicks for St. Nick's
TIME
Do You Want to Know a Secret?
Why WikiLeaks' Julian Assange has so many of them
BY MASSIMO CALABRESI
And why it hasn't hurt America
BY FAREED ZAKARIA
9 770928 843102
www.time.com

30美元，然后急剧起伏——在2017年底达到19783.06美元的高位，之后又在2019年初下跌到不足4000美元。

与此同时，用于采矿的算力也在不断增加。曾经能够由家用计算机CPU完成的目标很快就只能依靠图形处理器了，接着又转变为世界各地致力于开采比特币的大型处理器矿场。在这个过程中，开采比特币的成本也在猛增。根据一项估计，2017年用于比特币采矿的能量为30太拉瓦特小时——相当于供爱尔兰使用一年的电量。2019年，比特币采矿使用了全球总能量消耗的0.28%，相当于一年的碳足迹接近3万吨二氧化碳。

用于复杂的采矿软件和硬件的前期支出只是加密货币的缺点之一。其他缺点包括发生欺诈时缺少消费者保护机制、矿工可能会因为储存加

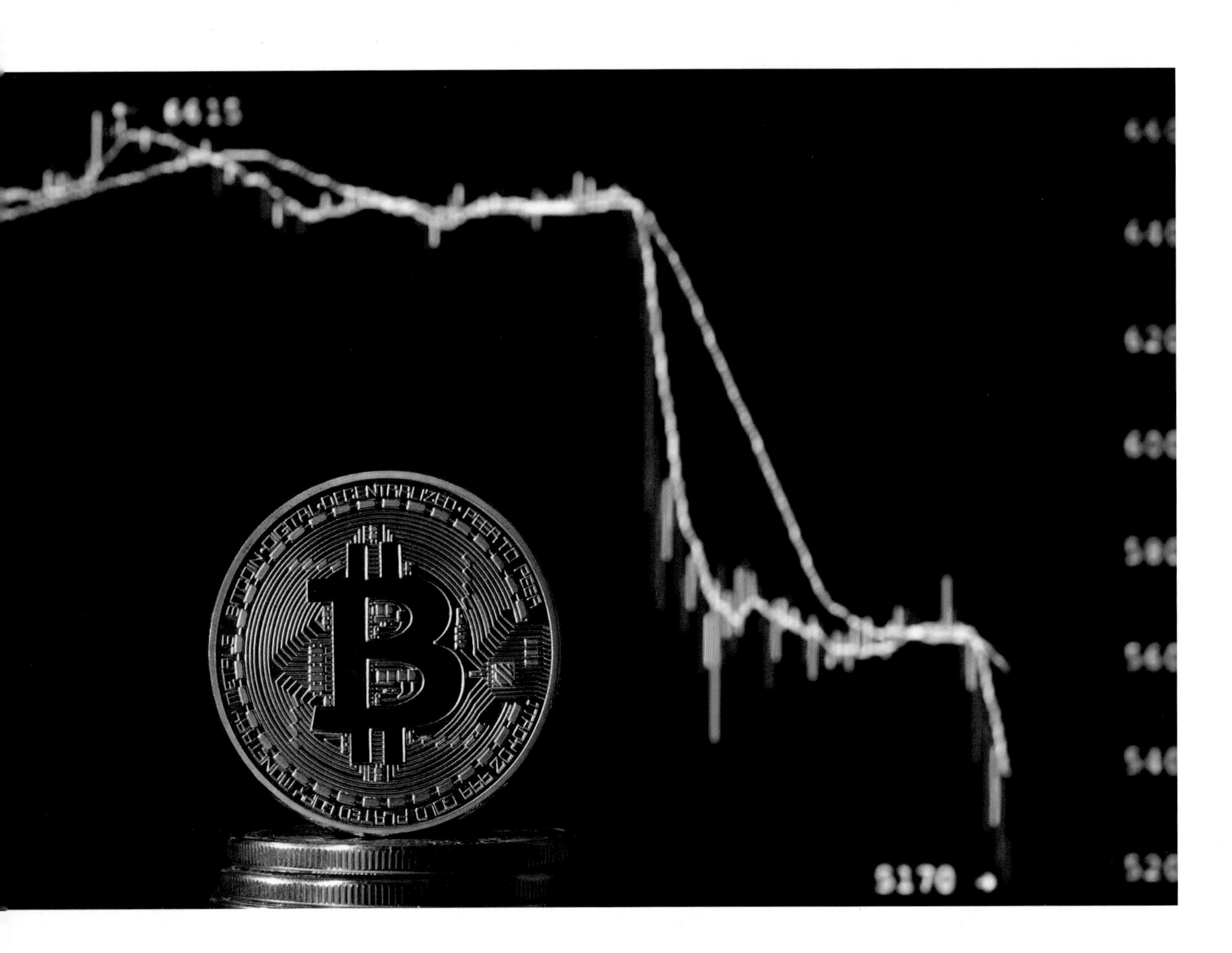

下图： 比特币的价值极不稳定。它的价格在2010年7月的5天之内飙升了900%。2019年12月，它在24小时之内跌去了三分之一的价格。

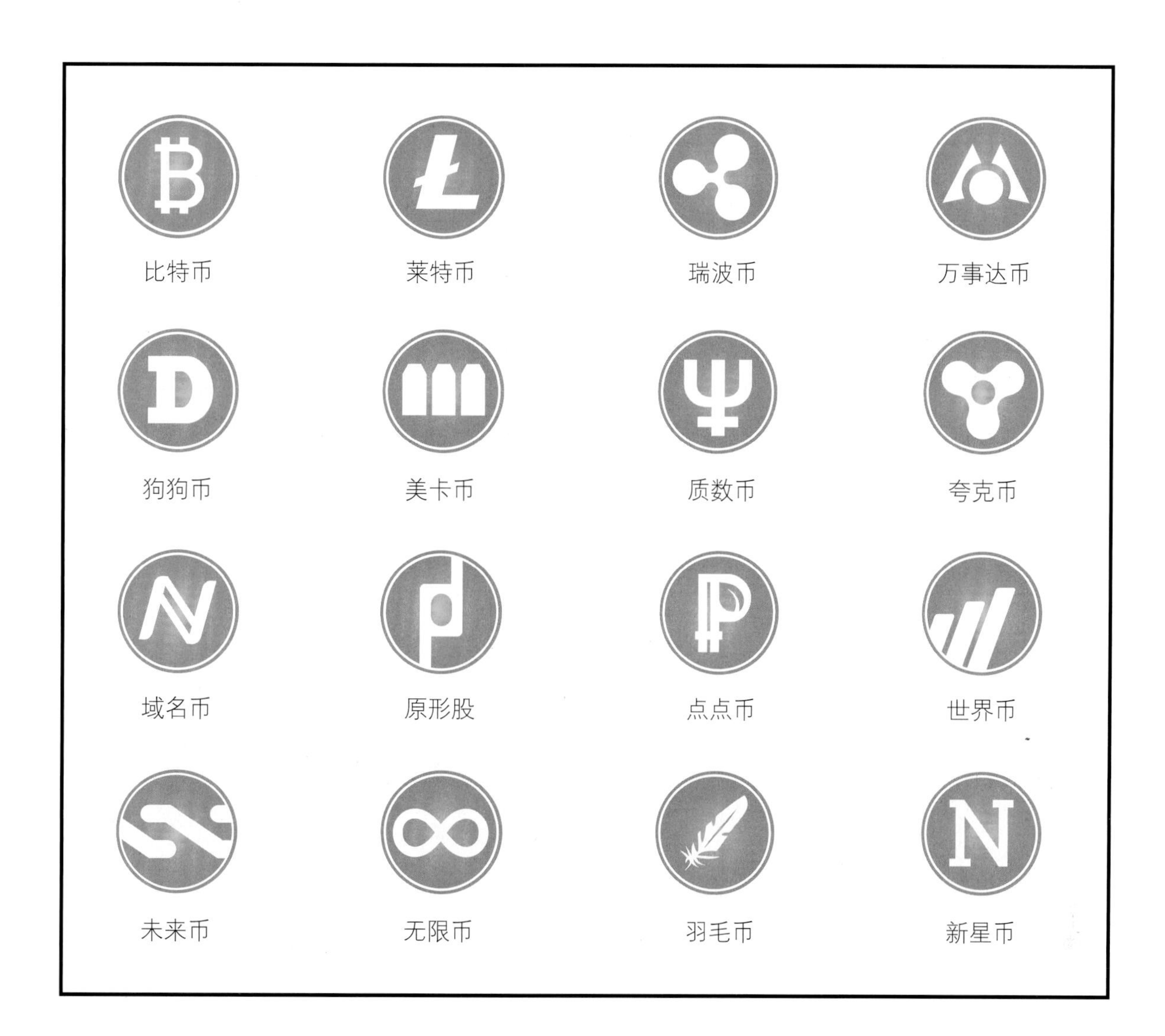

上图： 包括比特币在内的不同加密货币。

密货币的物理媒介受到破坏而丢失他们的私钥，以及恶意软件或者其他形式的数据丢失。

这些问题并未阻止比特币和其他加密货币的扩散。加密货币研究机构Coinlore在2018年夏天进行的一项调查表明，当时一共有超过1600种不同的加密货币。2018年初，据网站coinmarketcap.com的报道，全球加密货币的总市值超过7500亿美元。虽然在2019年夏天本书写作期间，这个数字已经下跌至3360亿美元，但这仍然是一笔巨大的财富——约为通用电气公司市值的4倍。

谁是中本聪?

在“他”编写了比特币的创始文件10年后，中本聪的身份仍然是个谜。隐藏在这个名字背后的是一个聪明的个人，还是共同行动的一群人？某个隐藏在化名之下的著名密码学人物，还是某个出乎意料的人？

我们知道的情况是这样的。无论是谁编写了比特币的代码，他都有一系列稀有的品质。“他是个世界级的程序员，对C++编程语言有深刻的了解。”互联网安全专家丹·卡明斯基（Dan Kaminsky）在2011年对一名记者说。“他理解经济、密码学和对等网络。要么有一群人在做这件事，要么这家伙是个天才。”

伴随着巨大的声誉，难怪对中本聪真实身份的猜测已经变得有点像是某种小型产业。但是就连身份的基础也不清楚。在一份在线个人资料中，中本聪被描述为生活在日本的一名男子，出生于20世纪70年代中期，而且多种证据令这种说法听起来不太可信。首先，他在2009年和2010年写的许多帖子和评论使用了完美无瑕的英语，而且在“创世块”中引用《泰晤士报》，说明他在发明比特币期间正在阅读英国报纸。更重要的是，追寻中本聪的人查看了他论坛帖子的时间戳，发现几乎没有帖子是在英国时间5:00—11:00发表的，而这段时间相当于日本的14:00—20:00。

多年以来，记者们一直没有找出中本聪的真实身份。许多猜测集中在哈尔·芬尼身上，他是继中本聪之后首个使用比特币软件的人。但是在2014年去世的芬尼明确否认自己就是中本聪。而且两人早期就比特币的发展互相发送的电子邮件进一步证明了这点。

有趣的是，芬尼家附近住着一个真名叫多里安·普伦蒂斯·中本聪（Dorian Prentice Satoshi Nakamoto）的男子，这名日裔美国人是计算机和系统工程师，从事机密国防项目并为金融信息服务公司工作。

正如一名加密货币社区人士对《福布斯》记者安迪·格林伯格（Andy Greenberg）所说的那样：“在一个像美国这样大的国家，或者像加州这样大的州，或者像洛杉矶地区这样大的地区，（多里安·普伦蒂斯·中本聪）和哈尔·芬尼同时生活在坦普尔市，彼此相距2.6千米（约1.6英里），这样的概率有多大？”芬尼否认自己认识“真正的”中本聪，而且在当面对质时，中本聪本人也否认参与过有关比特币的任何事情。

另一位颇为流行的中本聪候选人是来自硅谷的尼克·萨博（Nick Szabo），他是一位低调的计算机科学家，开发过一个名为“比特金”（bit gold）的概念，该概念被广泛视

上图： 克雷格·史蒂芬·莱特，多里安·普伦蒂斯·中本聪，尼克·萨博，以及哈尔·芬尼。

为比特币的直接前身。

2014年，金融作家多米尼克·弗里斯比（Dominic Frisby）声称，有足够的证据让他“相当肯定”萨博就是中本聪。在与俄罗斯政府支持的网络媒体今日俄罗斯（RT）交流时，他说：“我的结论是，全世界只有一个人同时拥有知识的绝对广度和精度，就是这个家伙……”

和其他人一样，萨博否认自己是中本聪，他在一封电子邮件中告诉弗里斯比：“谢谢您让我知道。您觉得我是中本聪恐怕是搞错了，但我已经习惯了。”

包括这一次在内，萨博还做出过数次否认，但他仍然是许多人心目中中本聪的首选。“6年前我在为科技网站Gigaom报道比特币会议时第一次听说尼克·萨博，”《财富》杂志的作家杰夫·约翰·罗伯茨（Jeff John Roberts）在2018年底写道。“然后，就像现在一样，加密货币内部人士不愿公开声称萨博是中本聪，但是在私下谈话中，有几个人向我坦承，他们认为萨博创造了比特币。”

有个人曾宣称自己就是中本聪，他是澳大利亚计算机科学家克雷格·史蒂芬·莱特（Craig Steven Wright）。2015年，科技杂志《连线》（*Wired*）写了一个故事，声称莱特很可能是中本聪，后来对文章进行了更新，以概述证据中的不一致之处。到2019年4月时，该杂志为该故事添加了一段编者注，说道：“已对该文章进行更新以阐明莱特的主张，并且标题已经更改，以明确表明《连线》不再相信莱特很可能是比特币的创造者。”

2019年，莱特为比特币白皮书和比特币0.1的代码注册了美国版权。莱特的公司nChain的一名代表对《金融时报》（*Financial Times*）说，这些注册代表政府机构首次认可莱特就是中本聪，但是版权局本身对事情采取了不同的态度，指出它并不调查人们提出的任何版权主张的真实性。“在以假名注册作品的情况下，版权局不会调查主张人与假名作者之间是否存在可证明的联系。”这名代表如此说道。

后记

一个数据加密不复存在的未来？

考虑到大型企业能够接触我们的大部分在线数据，

加密方法是否将变得越来越无关紧要？

我们如何恢复我们的隐私？

现代人是否应该担心美国国安局、英国政府通信总部以及世界其他地区的相应机构是否知道如何破解比如公钥加密之类的加密方法？这些机构当然拥有强大的算力，而且他们可以使用这些算力破解密钥较短的加密，方法与任何拥有足够CPU时间的人一样。

他们找到因数分解大质数的方法了吗？有可能，但可能性不大。这些机构的确能够做到的是通过后门访问许多流行的云服务。还记得你储存在某个在线照片服务上的那张令人尴尬的照片吗？如果发生了某种情况，让他们需要查明你发送的内容，谁敢说他们不会拿到那张照片，然后用它来敲诈你呢？我们还知道有一些工具可以将语音助手和智能电话变成窃听设备。那么，谁还需要破解加密？

从很大程度上，现代人正在放弃自己的大部分隐私。多亏了剑桥分析公司丑闻事件（该公司被爆出自2014年就开始从后台收集大量脸

上图： 谷歌、亚马逊、脸书和苹果公司（GAFA）的标识。

书用户的个人数据以协助2016年的美国总统竞选活动）和网络上超个性化广告的兴起，我们终于明白当自己发布消息或者进行搜索时，我们将什么交给了谷歌、亚马逊、脸书和苹果（合称GAFA）这样的大型互联网公司。问题在于我们的个人利益和好恶是否已经过深地融入网络结构而无法解开？我们是否在意识到发生了什么之前将钥匙交给了自己？是否再也没有什么可以让任何人发现的了？

或许我们是否使用端到端加密进行通信已经无关紧要了，因为不管怎样GAFA都了解关于我们的几乎所有一切。虽然这意味着街上的普通人可能会成为侵扰性广告的目标，但是这也意味着那些目的更加险恶的人也可以被挑出来，尤其是在将人工智能引入混合数据中时。

对未来的一瞥或许来自万维网的发明人蒂姆·伯纳斯-李爵士（Sir Tim Berners-Lee），他在2018年底宣布了一项名为Solid（“坚固”）的新数据隐私计划。Solid将数据控制权从GAFA这样的大公司转交给个人，并让你能够控制对你的个人数据以及你发布在网络上的任何内容的访问。

伯纳斯-李说：“我始终相信网络的存在是为了每一个人。这就是我和其他人为了保护它而激烈战斗的原因。”我们带来的变化已经创造出了一个更美好、联系更密切的世界。但是尽管我们取得了许多成就。但是网络却发展成为不平等和分裂的动力，被用它来满足自身利益的强大力量把持着。

“如今，我相信我们已经到了一个关键的临界点，而扭转势头的强大变革是有可能的——而且是必要的。”

术语表

GAFA：谷歌、亚马逊、脸书和苹果这四家科技巨头公司的首字母缩略词。

RSA：一种公钥加密方法，以其开发人员的名字命名——罗纳德·李维斯特、阿迪·沙米尔和伦纳德·阿德尔曼。它的安全性来自这样一个事实，即很难通过计算得出一个既定数字的两个质因数。

安全哈希算法（secure hash algorithm，简称SHA）：一类加密方法，将长度不等的文本压缩，以生成标准长度的信息摘要。

比特币（bitcoin）：最常用的加密货币。

编码法（code）：一种通过使用包含在设置列表中的其他单词、短语或符号代替原始信息中的单词或短语，从而掩盖其意义的方法。

波利比奥斯方阵密码（Polybius square）：一套为信息编码的密码，方法是将字母表中的每个字母排列在方阵中，然后使用与每个字母在方阵中的位置对应的数字代替信息中的每个字母。

多字母替换式密码（polyalphabetic cipher）：一种通过使用不止一套替换字母表创造密码的方法。

二合字母替换式密码（digraph substitution）：每2个字母被成对替换，而不是单个字母被替换。

二进制位（bit）：二进制信息的一个单位，来自 “binary digit”（“二进制数字”）。

公钥加密（Public Key Encryption，简称PKE）：一种使用两个密钥的加密形式——一个是用于加密信息的公钥，另一个是私钥，用于解密被加密的信息。

哈希（hashing）：一种编程函数，它可以将任何大小的数据转换为固定大小的数据。

换位式密码（transposition cipher）：在这种加密系统中，信息的字母在该信息内重新排列顺序，但维持其外表不变。

加密（encryption）：这个术语涵盖了编码（encoding），将信息写成代码；以及译写密码（enciphering），将信息写成密码。

加密法（cipher）：一种通过使用其他字母替换原始字母来隐藏信息含义的方法。与编码法不同，密码不考虑原始单词的含义。

加密货币（cryptocurrency）：独立于中央银行运作的数字货币，并使用加密技术安全地发送和接收支付。

解密（decipher）：将加密信息转变回原始形态。

恺撒挪移式密码（Caesar shift）：在这种密码中，信息中的每一个字母都被字母表中后面固定位数的字母取代。

量子计算机（quantum computer）：一种计算机，利用粒子的量子力学性质操纵信息如量子位。

量子加密（quantum cryptography）： 一种使用量子力学的特性确保能够探测出窃听者的加密系统。

量子力学（quantum mechanics）： 物理学的一个分支，描述极小（亚原子）粒子的行为和物质。经典物理学针对的是原子和电子的尺度，物体会在特定时间处于特定的位置，而在量子力学中，物体处于恒定的运动中，无法稳定地定位。

量子位（qubit）： 普通二进制位在任何时候都只拥有0或1的值，而量子位可以同时采用这两个值。

密码分析学（cryptanalysis）： 在不知道具体加密方法的情况下根据密码文本查出明文信息的科学。

密码学（cryptography）： 隐藏信息含义的科学。

密文（ciphertext）： 对特定信息使用密码后得到的文本。

密钥（key）： 规定特定信息将如何加密的指令，例如密码字母表中的字母排列。

明文（plaintext）： 转变为秘密形式之前的信息文本。

命名密码法（nomenclator）： 一套部分代码部分密码的系统，包括一张类似代码的名称、单词和音节列表和一张密码字母表。

莫尔斯电码（Morse code）： 一套用于编码字符的长短脉冲系统，以便通过电气方式长途发送信息。

偏振（polarisation）： 将横波的振动全部或部分限制在一个方向上的作用。

频率分析法（frequency analysis）： 将特定字母出现在一段密文文本中的频率与正常语言中的已知频率进行对比的技术。

算法（algorithm）： 在密码学的语境中，指的是一组用于加密信息的通用过程，任何特定加密的细节都由密钥确定。

替换式密码（substitution cipher）： 信息中的每个字母都用另一个符号替换的系统。

甜点密码破译机（Bombe）： 阿兰·图灵在二战期间设计的一种破译机器，用于解开德国恩尼格玛密码机编制出的密码。

同音异字（homophones）： 可以替换密码中单个字母的多个替换选项。例如，字母“a”可以被几个不同的字母或数字取代，其中的每个字母或数字都称为同音异字。

因数分解（factorisation）： 寻找一类整数的过程，此类整数可以分解为某个既定数字而不留余数。

隐写术（steganography）： 隐藏秘密信息的存在本身，而不仅仅是掩盖其含义的一门技艺。

优良保密协议（Pretty Good Privacy，简称PGP）： 一种计算机加密算法。

自动密钥密码（autokey cipher）： 将明文信息并入密钥中的一种密码。

索引

斜体页码表示对应图片的位置。

A

Addison, Joseph 136
ADFGVX cipher 90, 93
ADFGX cipher 90, 92–93
Adleman, Leonard 129–30
Advanced Encryption Standard (AES) 139–40
Aeneas the Tactician 111
agony columns 66
Alberti, Leon Battista *43*, 43–45, 48
Algorithms 13, 139, 152, 174
American Civil War 78–82, 79
Anagramming 18–19
Analytical Engine 68, 69
Apple 167, 184–85
architecture 46–47
Arisue, Seizo 121
Assange, Julian *179*
Assyrians 12
Asymmetric ciphers 129
Atbash cipher 27, 28–29, 29, 30–31
Autokey 70–75

B

Babbage, Charles 68–69
Babington, Anthony 34–37
Babylonians 12
Bacon, Roger 52
Baphomet 30, 30–31
Baresch, Georg 50
Bates, David Homer 82
Bax, Stephen 53
Bazeries, Étienne 57, 61
Beale papers 84–85
Bell Laboratories 152
Bennett, Charles 147, 156
Bentris, Michael 20
Berners-Lee, Tim 184–85
Bible analysis 29, 29–30
binary code 111
Bitcoin *164*, 172–83, *176, 180*
black chambers 57–59, 94
Bletchley Park 87, 94–109, 95, 98, 99
block cipher 139
bombas 105, 108
bombes *87, 107,* 108, 115
Boniface 109
Born, Max 149
Brassard, Gilles 147, 156
Brown, Dan
  The Da Vinci Code 28, 145, *145*
  Digital Fortress 144–45
Broza, Gil 136–37
Bulonde, Vivien Labbé, Seigneur du 61
Bureau du Chiffre 90, 92
Burger, Ernest *110*, 111
butterfly effect 159–61

C

Cabinet Noir 57–58
Caesar, Gaius Julius 9, 12, 16
Caesar shift 16, 39
  Tableau 48
Cambridge Analytica 184, *184*
Cardano, Girolamo *67*
Cardano grille 66–67
Carter, Frank 102
Chandler, Albert B. 82
Chaos theory *147, 148, 153,* 159–61
Chaucer, Geoffrey 27
checkerboard method 14–16
Churchill, Winston 95
Cipher discs *44*, 44–45
Ciphers 13
  algorithm 13, 152
  asymmetric/symmetric 129
  substitution *see* substitution ciphers
  transposition *see* transposition ciphers
Cocks, Clifford 129
codebreaking, start of 23
codes 13
Cold War 122–25
Coleman, John 21
Colossus machine *114*, 115, *115*
Connor, Howard 121
Cox, Brian 149
cribs 108, 133
crime 127
cryptanalysis 8–9, 23, 152
cryptocurrencies 172–81, *181*
cryptography 8, 11
cuneiform 12
Curle, Gilbert 37
cyclometer 104
cypherpunks 178–79, 179

D

Daemen, Joan 139
Dasch, George John 111
Data Encryption Standard (DES) 139
Dato, Leonardo 43–44
Dead Sea Scrolls 31
Deciphering Branch 58
Declaration of Independence 85, *85*
Deep Crack 139
Defence Advanced Research Projects Agency (DARPA) 158
Deutsch, David, *The Fabric of Reality* 149, 151, 152
Difference Engine 68
Diffie, Whitfield 129
Diffie-Hellman encryption 129
digital signatures 129, 174, 176
digital technology 111
digraph substitution 76
Doctorow, Cory, *Little Brother* 168–69
Dorabella cipher 96–97, 97

double encryption 122
double-slit experiment 154
Doyle, Arthur Conan *143*, 143–44
Driscoll, Agnes Meyer 94
Drosnin, Michael, *The Bible Code* 29–30
Dumas, Alexander 61
D-Wave 152

E

Eckardt, Heinrich von 88
Egyptian hieroglyphics *10*, 11
Einstein, Albert 149
Electronic Frontier Foundation (EFF) 139
Elgar, Edward 96–97
Elizabeth I, Queen of England 34–37, 35
elliptic curve method 173
Ellis, James 129
Encryption 8, 65, 137
  Advanced Encryption Standard (AES) 139–40
  Data Encryption Standard (DES) 139
  Diffie-Hellman 129
  double 122
  end-to-end 167, 184
  future of 184–85
  Papal 43–45
  Public-key encryption (PKE) 128–31, 134–35, 140, 173
  Secure Hash Algorithm (SHA) 174–75
Enigma 94–109, *98, 101*, 103
entanglement 151, 158
Equatorie of the Planetis, The 27 espionage 14, 110–11
exclusive-or operation (XOR) 113, 139

F

Facebook 167, 184–85
factors 138, 173
Fibonacci series 145
fiction, codes in 142–45
Finney, Hal 178, 182, *183*
Flamsteed, John 68
Flowers, Tommy 115
Follett, Ken, *The Key to Rebecca* 144
Freemasonry 46
Freidman, William F. 117
frequency analysis 24–25, 38–39
  ADFGX cipher 90, 92–93
  homophonic substitution 32–33
  Kasiski examination 71
  peak patterns 39
  polyalphabetic ciphers 45, 54–56
  tableau 45, 48–49
Friedman, William F. 50, 82
Frisby, Dominic 183

G

Gallehawk, John 102
gardening 108
Gardner, Meredith 122
gematria 29
Gifford, Gilbert 34, 37
Gilmore, John 178–79
Google, Amazon, Facebook, Apple (GAFA) 184–85, *185*
Government Code and Cypher School (GC&CS) 88, 94
Government Communications Headquarters (GCHQ) *128*, 129, 171
Grabeel, Gene 122
Graham Magazine cipher 136–37, 142–43
Great Cipher 57, 61
Greeks, ancient 12, 13–15, 111
Greenberg, Andy 182
Greenglass, David *124*, 125
Greenwald, Glen 171
group theory 100, 105, 173
Grover, Lov 152

H

Habsburg Empire 58
hacking 127
Hallock, Richard 122
Hanyecz, Laszlo 179
Harden, Donald 132–33
hashing 176
Heath Robinson 112
Hebrew cipher 28, 30, 31
Hellman, Martin 129
Henrietta Maria, Queen 68
Herodotus of Halicarnassus 14, *14*
hieroglyphics *10*, 11, 20
Hitler, Adolf 112
Holland, Tom, *Rubicon* 39
Holy Grail 46–47
homophonic substitution 32–33
Hughes, Eric 178

I

IBM 139, 152, 166
Intel 152
Internet security 140–41, 165–72; see also encryption
invisible ink 111
Islamic Golden Age 22, 23

J

Johnston, Philip 119
Jones, J.E. 119
Joyce, Herbert, *The History of the Post Office* 59

K

Kahn, David, *The Code Breakers* 41, 83
Kama Sutra 40, 41
Kaminsky, Dan 182
Kasiski, Friedrich, *Secret Writing and the Art of Deciphering* 69
Kasiski examination 71
kautiliyam 41

Kerckhoffs, Auguste 82–83
Kerckhoffs' law 83
Key
Autokey 70–75
polyalphabetic systems 45, 54–55, 56
public-key encryption (PKE) 128–31, 134–35, 140, 173
quantum distribution 158, 159
swap 127–29
Key of Hiram 46
KGB 122–24
Kindi, Abu Yusuf Yaqub ibn Ishaq, Al- 23, 23
Kirchner, Athanasius 50
Knox, Dilly 98, 103

L

lasers 160–61
Leonardo da Vinci 46, 145
Levi, Eliphas 30
Linear A and B 20–21
literary ciphers 66–67
Lorenz, Edward 159–60
Lorenz Attractor *160*
Lorenz SZ40 112–13, 115
Louis XIII, King of France 56, 56
Louis XIV, King of France 57, 61

M

Madame X 94
Man in the Iron Mask *60*, 61
Mantua, Duchy of 32
Maria Theresa, Empress 58
Mary, Queen of Scots 34–37, 35
Massachusetts Institute of Technology 129, 131
Mastering the Internet (MTI) 171
May, Timothy C 178
McClellan, George B. 78
McNealy, Scott 165
medieval cryptography 27
Melville, Herman, *Moby Dick* 30
Mesopotamia 11–12
metadata 171
microdots 111
Milhon, Jude 179
Minoans 20
Mitchell, Stuart 47
modulus 134–35
Molay, Jacques de 31
monoalphabetic ciphers 27, 32, 43, 44, 136
Great Cipher 57, 61
Kasiski examination 71
Morse, Samuel 62, 63–64
Morse code 63–64, *64, 65, 89*, 90, 102
Mozart, Wolfgang Amadeus 46
Muladeviya 41
multiple anagramming 18
music 46–47

N

Nakamoto, Dorian Prentice Satoshi 182, 183
Nakamoto, Satoshi 172, 176, 178–79, 182–83
National Bureau of Standards (NBS) 139
National Security Agency (NSA) 125, 125, 140–41, 167–68, 171–72, 174, 175
Navajo code *118*, 118–22, *121*
Nebel, Fritz 90
Newton, Isaac 154
nomenclator 27, 37, 56, 65
null 37, 80–81

O

one-time pads 122, 144, 148
O'Reilly, Henry 78
Owens, Gareth 21

P

packs of cards 111
Painvin, Geogres-Jean *92*, 92–93
Papal encryption 43–45
peak pattern 39
Pearl Harbor 116–17
Penny, Dora 96–97
Pernier, Luigi 20
Phaistos Disc 20–21, 22
Phelippes, Thomas 34–37, 36
Philip IV of France 30–31
Phillips, Cecil 122
Playfair, Lyon, 1st Baron 66, 76–77, *77*
Playfair cipher 76–77
Plutarch 15, *15*
Poe, Edgar Allen 136–37
'The Gold Bug' *142*, 142–43
polarisation 156–58
Polish cracking Enigma 99–107
polyalphabetic ciphers 45, 54–56, 59, 65, 136
Keys 68, 69
Polybius 14–16
Polybius square 90–91
Post Office 58–59
Pretty Good Privacy (PGP) 140–41
prime numbers 9, 129–30, 134, 167, 168, 184
privacy 165–72, 178–79, 184
public-key encryption (PKE) 128–31, 134–35, 140, 173
Purple *116*, 117

Q

Q System One 152
quantum chaos 147, *148*, 153, 159–61
quantum computers 149–52
quantum cryptography 147–48, 153–63, 155, 163
quantum key distribution 158, 159
quantum mechanics 148–49
quantum superposition 149–51, 155
qubits 151–52

R

rectilinear polarisation 156
Red Book 94
Rejewski, Marian 99, 100, 104, 105
Renza, Louis 136
Rijmen, Vincent 139
Rips, Eliyahu 29–30
Rivest, Ronald 129–30
Roberts, Jeff John 183
Romans, ancient 12
Rosen, Leo 117
Rosenberg, Ethel 124–25
Rosenberg, Julius *124*, 124–25
Rosenheim, Shawn 136
Rossignol, Antoine 56–57
Rossignol, Bonaventure 57–59
Rosslyn chapel 46, 46–47, 47
Rowlett, Frank 117, 118
Rozycki, Jerzy 99
RSA Security 9, 130–31, 152
Russia 27

S

Scherbius, Arthur 102, 103
Schneier, Bruce 166, *166,* 172
Schonfield, Hugh 31
Schrödinger, Erwin 150, *151*
Schrödinger's cat 150, 150–51
scytale 15
Secure Hash Algorithm (SHA) 174–75
Secure Sockets Layer (SSL) 141, 174
SecurID 131
Seleucia tablet 11–12
Seven Years' War 58, 59
Shamir, Adi 129–30
Shields, Andrew 158
Shor, Peter 152
Shore, Alan 160–61
Shor's algorithm 152
SIGABA machine 118–19
slaves, tattooing 14–15
Snowden, Edward 140, 167, 170, 172
Solid 185
Spartans 15
Stager, Anson 78–79
steckering 100
steganography 13–14, 66, 111
Stephenson, Neal, *Crytptonomicon* 144
Stix, Gary 159
Substitution ciphers 16–17
  Atbash cipher 27, 28–29, 29, 30–31
  Caesar shift 16, 39
  digraph 76
  homophonic 32–33
  polyalphabetic 45, 54–56, 59, 65, 136
Suetonius Tranquillus 12–13
superposition, quantum 149–51, 155
surveillance 165–66
Svoronos, Anthony 20
Svozil, Karl 1162
symmetric ciphers 129
Szabo, Nick 182–83, *183*

T

tableau 45, 48–49
tattooing 14–15
telegraphy 63–66, 76–78, 82
  Zimmerman telegram 88–89, 89
Thackeray, William Makepeace 66
three-part cipher 132–33
Tinker, Charles A. 82
Torah 28, 29, 30
Toshiba 158
Transport Layer Security (TLS) 141, 174
transposition ciphers 18–19, 80–81
Trimethius, Johannes, *Polygraphia* 45, 48–49
Truman, Harry 125
Turing, Alan 8–9, 98, *106*, 108, 115

U

Union route cipher 79

V

Venona 122–25
Vigenère, Blaise de 45, 54, 54, 65, 70, 82
Voltaire 61
Voynich manuscript *50*, 50–53, *51, 52, 53*

W

Walsingham, Francis 34–37
Ward, J.B. 84–85
web of trust 168–69, *169*
Welchman, Gordon 98, 108
Whalen, Terence 136
WhatsApp 167
Wheatstone, Charles 66, 76, 77
Willes, Edward 58
Williamson, Malcolm 129
World War I 88–93
World War II 94–122, *109*, 123
Wright, Craig Steven 183, 183

X

XOR (exclusive-or operation) 113, 139

Y

Yasodhara, *Jayamangala* 41

Z

Zandbergen, René 52
Zimmerman, Arthur 88
Zimmerman, Philip R. 140
Zimmerman telegram 88–89, 89
Zodiac killer *132*, 132–33, *133*
Zygalski, Henryk 99, 105
Zygalski sheets *105*, 105–6

扩展阅读

对于那些想要更深入地研究密码学的读者，有更多详尽的专业书籍可供选择，以下列出其中几本。

Annales des Mines. French mining journal detailing the life of Georges-Jean Painvin.
Bauer, F. L., *Decrypted Secrets,* Berlin: Springer, 2002.
Calvocoressi, Peter, *Top Secret Ultra,* London: Baldwin, 2001.
Carter, Frank, *The First Breaking of Enigma,*
The Bletchley Park Trust Reports, No. 10, 1999
Deutsch, David, *The Fabric of Reality,* London: Penguin, 1997.
D'Imperio, M. E., The *Voynich Manuscript: An Elegant Enigma,* National Security Agency: 1978
Gallehawk, John, *Some Polish Contributions in the Second World War,* The Bletchley Park Trust Reports, No. 15, 1999
Kahn, David, *Seizing the Enigma,* London: Arrow Books, 1996.
Kahn, David, *The Code-Breakers,* New York: Scribner, 1996.
Levy, David, *Crypto,* New York: Penguin, 2000.
National Security Agency, *Masked Dispatches: Cryptograms and Cryptology in American History,* 1775–1900, National Security Agency: 2002
National Security Agency, T*he Friedman Legacy: A Tribute to William and Elizabeth Friedman,* Sources in Cryptologic History Number 3, National Security Agency: 1992.
Newton, David E., *Encyclopedia of Cryptology,* Santa Barbara, ca: abc-Clio, 1997.
Rivest, R., Shamir, A., and Adleman, L., 'A Method for Obtaining Digital Signatures and Public-Key Cryptosystems' in *Communications of the A.C.M.*, Vol. 21 (2), 1978, pp.120–126
Singh, Simon, *The Code Book,* London: 4th Estate, 1999.
Wrixon, Fred B., *Codes, Ciphers and other Cryptic and Clandestine Communication*, New York: Black Dog and Leventhal, 1998.

图片版权

The publishers would like to thank the following for permission to reproduce images:
Alamy: pp. 40, 53, 164, 179, 185; Richard Burgess (illustrator): pp. 25, 38, 39; Science Photo Library: pp. 103, 106, 146, 148, 150, 153, 155, 160; Getty Images: pp. 15, 41, 46, 47, 60, 62, 64, 77, 86, 88, 95, 109, 110, 118, 126, 131, 141, 143, 166, 170, 177, 180; Rex Features: pp. 85, 124, 125; Shutterstock: pp.163, 169, 181; TopFoto: pp. 29, 98, 101, 114, 115, 123, 124; Mary Evans Picture Library: pp. 28, 65, 67; Science & Society Picture Library: pp. 69, 99; The Art Archive: pp. 21, 22, 26, 35, 44; Beinecke Rare Book and Manuscript Library: pp. 50, 51, 52; Photolibrary: p. 10; National Security Agency: p. 79